普通高等教育"十二五"部委级规划教材（高职高专）

专业认知与职业规划系列教材

专业认知与职业规划
（环境艺术设计类）

江苏工程职业技术学院　组织编写

徐洪平　主　编

瞿羌军　副主编

中国纺织出版社

内 容 提 要

《专业认知与职业规划（环境艺术设计类）》主要使学生了解所学专业的具体内容、应具备的专业能力、毕业后从事的职业领域、工作岗位以及行业的经济前景，并在此基础上，引导学生对未来的职业进行规划，确认自己以后的发展方向，而后再对学习过程进行规划，做到有目的地进行学习。

图书在版编目（CIP）数据

专业认知与职业规划：环境艺术设计类/徐洪平主编.
—北京：中国纺织出版社，2014.11(2024.9重印)
普通高等教育"十二五"部委级规划教材. 高职高专
ISBN 978-7-5180-0880-3

Ⅰ.①专…　Ⅱ.①徐…　Ⅲ.①环境设计—职业选择—高
等职业教育—教材　Ⅳ.①TU-856

中国版本图书馆CIP数据核字（2014）第186847号

策划编辑：张晓蕾　　责任校对：寇晨晨
责任设计：何　建　　责任印制：何　建

中国纺织出版社出版发行
地址：北京市朝阳区百子湾东里A407号楼　邮政编码：100124
销售电话：010 — 67004422　传真：010 — 87155801
http://www.c-textilep.com
中国纺织出版社天猫旗舰店
官方微博 http://weibo.com/2119887771
北京虎彩文化传播有限公司印刷　各地新华书店经销
2024年9月第3次印刷
开本：787×1092　1/16　印张：5.25
字数：79千字　定价：38.00元

凡购本书，如有缺页、倒页、脱页，由本社图书营销中心调换

编　委　会

出版者的话

《国家中长期教育改革和发展规划纲要》（简称《纲要》）中提出"要大力发展职业教育"。职业教育要"把提高质量作为重点。以服务为宗旨，以就业为导向，推进教育教学改革。实行工学结合、校企合作、顶岗实习的人才培养模式"。为全面贯彻落实《纲要》，中国纺织服装教育学会协同中国纺织出版社，认真组织制订"十二五"部委级教材规划，组织专家对各院校上报的"十二五"规划教材选题进行认真评选，力求使教材出版与教学改革和课程建设发展相适应，并对项目式教学模式的配套教材进行了探索，充分体现职业技能培养的特点。在教材的编写上重视实践和实训环节内容，使教材内容具有以下三个特点：

（1）围绕一个核心——育人目标。根据教育规律和课程设置特点，从培养学生学习兴趣和提高职业技能入手，教材内容围绕生产实际和教学需要展开，形式上力求突出重点，强调实践。附有课程设置指导，并于章首介绍本章知识点、重点、难点及专业技能，章后附形式多样的思考题等，提高教材的可读性，增加学生学习兴趣和自学能力。

（2）突出一个环节——实践环节。教材出版突出高职教育和应用性学科的特点，注重理论与生产实践的结合，有针对性地设置教材内容，增加实践、实验内容，并通过多媒体等形式，直观反映生产实践的最新成果。

（3）实现一个立体——开发立体化教材体系。充分利用现代教育技术手段，构建数字教育资源平台，开发教学课件、音像制品、素材库、试题库等多种立体化的配套教材，以直观的形式和丰富的表达充分展现教学内容。

教材出版是教育发展中的重要组成部分，为出版高质量的教材，出版社严格甄选作者，组织专家评审，并对出版全过程进行跟踪，及时了解教材编写进度、编写质量，力求做到作者权威、编辑专业、审读严格、精品出版。我们愿与院校一起，共同探讨、完善教材出版，不断推出精品教材，以适应我国职业教育的发展要求。

中国纺织出版社
教材出版中心

校长寄语

　　新生们告别紧张繁忙的中学生活的同时，也踏上了接受高等职业教育的新里程，开始了职业技能和职业素质训练的新生活。准备迎接未来社会生活，特别是职业生活的挑战，这其中，最基本的技能便是进行专业认知与职业规划。

　　作为高职院校的一名新生，进入大学后，特别渴望了解所选专业的几个主要问题，即这个专业都教授什么？学了以后有什么用？应该怎么学，未来如何运用？将来可以做什么，能够做什么？也就是说，将来可以从事何种职业、有何职业选择与成就、今后的发展如何等。这些问题，事关高职学生将来的事业发展与自身成长，自然会引起同学们的高度重视。

　　"专业建设无疑是高职学校内涵建设的核心内容，也是高职学校建设和发展的立足点。……学校设置一个专业，首先应该明确开设的理由（社会需求）、人才培养的规格（办学定位）、育人的软硬件条件（培养能力）以及专业发展未来的愿景（规划目标）。……学生进入这样的专业，一年级时挖掘出职业乐趣，期待成为毕业生；二年级时建立职业认同感，渴望成为从业者；三年级时形成职业归属感，立志成为行业企业接班人。……专业、学校会是他们一生的平台。"（范唯语）

　　在高职学校办学与学生择业竞争激烈的今天，作为教师，我们应该精心考量"专业如何与产业对接？如何健康成长、可持续发展而不是短命低效"等问题，还应该深思"专业如何具备行业气质？如何成为学生就业的引擎"的发问；作为学生，应该思索"这个专业能够给我带来什么？我的将来在哪里"。

　　专业与产业、行业、职业、事业是紧密联系的，专业与知识、技术、能力、素质也是不可分割的。从某种意义上说，选择了什么专业，就选择了什么样的工作岗位、生活方向、人生航道。正因为如此，我们必须懂得自己所走的这条道路通向何方，必须规划好未来的航程。尽管形势或生活的变化可能带来一定的微调，但从专业中所获取的精神与态度、风骨与品格、眼光与境界是相伴我们终生的。

　　人的一生中最重要的是选择、认知与规划。选择是取舍，是走哪条路的问题；认知是了解，是明确什么路、路上有什么的问题；规划则是具体设计方案，是怎么走、怎么到达的问题。认知、选择与规划是相辅相成的。选择了什么专业，就基本确定了职业方位，接下来就是要在总体了解和认知的基础上，进行精心筹划，确定实施方法和策略，并付诸行动，一场人生战役就此打响，这就是人生"凯旋"的基本步骤。而学业则是从专业到达职业彼岸的一叶扁舟。因此，专业认知也好，职业规划也罢，其关键点在于学业。学业精通与否，决定了职业规划实现的高度、宽度与长度，从而也决定了人一生的厚度与精度。

为了灿烂的前景与正确的前行方向，请准确认知与从容规划，并且勤学苦练。希望我院组织编写、出版的这套"专业认知与职业规划系列教材"能够从源头上提高同学们对专业的认同感，增强学习的积极性和主动性，帮助大家设计好自己的学业规划。

最后，预祝新生们通过几年的努力学习，能够顺利走向职场，实现自己的人生目标！

江苏工程职业技术学院院长

二〇一四年六月

前言

中学和大学，是两个完全不同的学习阶段，两者之间存在着非常大的差距，主要为学习目标、学习方法和学习内容等方面的差别。

学习目标：

中学阶段的学习目标主要是围绕着高考进行的，强调升学率，学生的主要奋斗目标是考上一所理想的大学；而大学阶段的主要学习目标是围绕着专业技能进行的，主要理念是大学毕业后能够通过专业技能谋得一份理想的职业。

学习方法：

中学阶段学习方法主要是灌输式的，主要是教师的"手把手"教学，学生被动地进行学习，有一定的依赖性；大学阶段的学习是启发式教学，要求学生自主进行专业知识的学习，老师主要启发性地给学生进行讲解并引导学生多渠道自主地进行学习。

学习内容：

中学阶段的课程总量大概在十门左右，课程之间都有一定的独立性，而每门课本身都是连续的；而大学阶段的课程总量往往在三十门以上（包括公共课）或更多（本科院校），对于我校来说，专业课程应该在二十门左右，而这二十门课程之间相互具有连贯性，串联起来形成专业课程体系。

《专业认知与职业规划（环境艺术设计类）》课程主要使学生了解所学专业的具体内容、应具备的专业能力、毕业后从事的职业领域、工作岗位以及行业的经济前景，并在此基础上，引导学生对未来的职业进行规划，确认自己以后的发展方向，而后再对学习过程进行规划，做到有目的地进行学习。

本教材由江苏工程职业技术学院和南通四建装饰工程有限公司联合编著，具体编著人员和具体分工如下：

主编：徐洪平，主要负责教材专题二、专题三、专题四以及部分专题五学业规划的编著。

副主编：瞿羌军，主要负责教材专题一和部分专题五的编著。

参编：于新建、任健、蔡云、章炎、王刚、王文玲、钱万成、陈峰等，主要负责提供各种素材和图表。

☞ 课程设置指导

课程名称： 专业认知与职业规划（环境艺术设计类）

适用专业： 环境艺术设计专业

总学时： 24课时；其中，理论教学18课时，讲座与参观教学6课时。

一、课程概述

1．本课程是环境艺术设计专业学生认知自己所学专业的一门必修课；本课程的学习领域主要包括行业和专业认知、教学认知、职业规划和学业规划等几个方面；本课程将加强学生对行业、专业、职业岗位和择业方面的认知度与认同感，激发学生对专业学习的兴趣，从而有目的地进行学习。

2．本学习领域的学习情境设计是依据"以工作过程为导向，结合工作岗位群能力需求，以典型工作任务为基点，综合理论知识、操作技能和职业素养为一体"的思路设计的。学习情景按照本专业的适宜岗位进行设计，通过该课程系列学习情境的学习，学生能够进一步认知自己所学专业的工作岗位、工作任务和工作能力要求，从而提高学习兴趣。

3．本课程应在所有的专业课程之前开设，提升学生对本专业以及相关专业的关注度，促使学生在学习过程中主动涉猎相关的专业知识，主动关心专业以及相关专业的发展趋势，有利于学生结合自身实际，准确进行自我定位，对大学学习生涯及未来的职业生涯及早地进行规划。

二、课程目标

1．行业认知能力。熟悉装饰装修行业的前景与经济形势，认知行业专业的生命力。

2．专业认知能力。准确地理解环境艺术设计类专业以及相关专业岗位的工作环境、工作任务和工作特点。

3．就业认知能力。能结合所学专业、所学课程和自己的兴趣爱好，尽早确立自己以后的就业方向（即择业）。

4．职业生涯与专业学习规划能力。根据确立的就业方向，进行自己的职业生涯规划，从而有目的性地进行专业学习（包括专业可能涉及的岗位）。

教材课时分配

序号	专题	学习内容	课时
1	一	装饰装修行业概述	4
2	二	专业认知	4
3	三	环境艺术设计类专业教学安排	4
4	四	专业见习	6
5	五	职业生涯规划与学业规划	6

目　录

专题一　装饰装修行业概述

作为初学环境艺术设计专业的学生来说，首先必须要了解所学专业所属的行业，以及该行业的经济前景如何，该行业中针对本专业的岗位以及就业前景如何。在此基础上，提升自己对所学专业的兴趣，从而提升自己专业学习的动力。

学习目标

1. 了解建筑装饰装修行业的发展趋势以及发展前景；
2. 熟悉装饰装修行业中施工和设计类专业的工作流程；
3. 熟悉装饰装修行业中各相关专业的工作环境；
4. 掌握装饰装修行业中各相关专业的就业前景。

学习任务

1. 描述建筑装饰装修行业的发展趋势；
2. 描述装饰装修行业中施工和设计类专业的工作流程；
3. 描述装饰装修行业中各相关专业的工作环境；
4. 描述装饰装修行业中各相关专业的就业前景。

建筑装饰装修行业是指主要从事建筑物室内、外装饰设计或者施工的一个领域。其中主要包括：室内外装饰、排水与采暖、建筑电气、智能建筑、通风与空调、电梯及建筑智能化等专业，这些专业之间有着千丝万缕的关系，需要相互配合、相互合作才可以对建筑物进行合理的设计、装饰。各专业分支示意如下（图1-1～图1-7）：

诚然，不同的专业都需要不同的人才，而我们学校环境艺术设计类专业——室内设计技术、环境艺术设计、建筑环境设计、装饰工程管理等专业只是其中的几个分支——室内装饰设计、施工，主要对室内进行装饰设计和施工管理。但是因为和其他专业之间相互联系，在

室内装饰，包括室内装饰设计和室内装饰施工，室内装饰设计的主要任务是如何采取一定的艺术手法，对原有的室内空间进行重新规划并构思设计，使其在原来基础上变得更加合理，并更具美感。

室内装饰施工的主要任务是把设计师设计的图纸在真实的工程中变为实体。

图1-1 室内装饰

室外装饰，主要任务是如何采取一定的艺术手法，以不同的材质、色彩、造型体现建筑的个性与风格。

图1-2 室外装饰

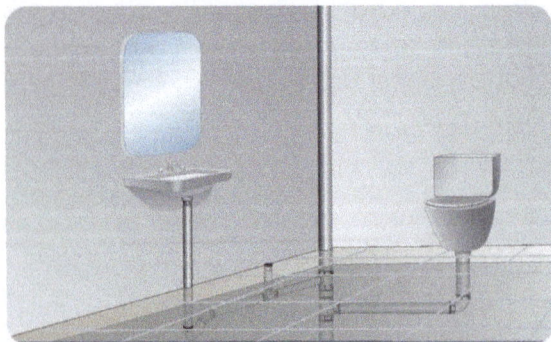

排水工程，主要任务是采取一定的方法，通过不同的管件将室内的各种污水排放到室外的城市管道中去。

图1-3 排水工程

通风与采暖工程，为人们生产、生活及其他活动提供热能的系统工程。它主要包括热源、输送、控制、散热及其相关、附属的所有工程。

图1-4　通风与采暖工程示例

电气工程，建筑工程中和电气设备以及照明设备有关的一切工作。

图1-5　电气工程

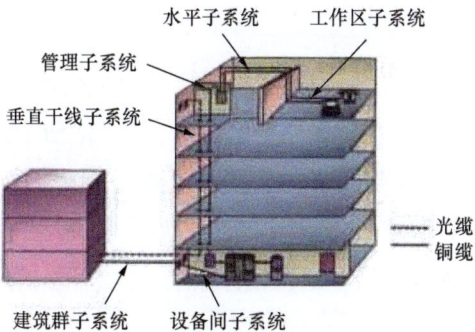

水平子系统　　工作区子系统
管理子系统
垂直干线子系统
光缆
铜缆
建筑群子系统　　设备间子系统

智能化工程，以建筑为平台，兼备通信、办公设备自动化，集系统结构、服务、管理于一体，并使其组合达到最优化，以提供一个高效、舒适、安全、便利的建筑环境。

图1-6　智能化工程

空调系统工程，用人为的方法调节室内空气的温度、湿度、洁净度和气流速度的系统。可使某些场所获得具有一定温度、湿度和空气质量的空气，以满足使用者及生产过程的要求和改善劳动卫生和室内气候条件。

图1-7　空调系统工程

实际工作中，进行室内装饰设计或者施工时，需要了解其他相关专业的基本知识，懂得相关专业的基本理念，才能与其他相关专业进行合理的配合。例如，在进行室内设计工作时，必须要考虑到室内装饰施工、智能化设计与施工、电气安装工程设计与施工、通风与空调设计与施工等，否则，往往会使得设计方案不能实施，成为一纸空文。还有，如果在设计时不懂得相关的消防设计规范，而等到建筑实体建设完成后，往往会因为消防部门验收不合格而导致工程作废。

一、装饰装修概述、主要技术与发展趋势

（一）装饰装修的概念及解释

装饰装修是指为保护建筑物的主体结构、完善建筑物的使用功能和建筑物的美化，采用装饰装修材料或饰物对建筑物的内外表面及空间进行的各种处理过程。

从上述基本概念可以看出，建筑装饰装修实际上就是采用建筑装饰装修材料使建筑物的使用功能变得更为合理，视觉效果更为美观。在理论阶段称为设计，在实施阶段称为施工。其中包括了不同的专业内容，例如：室内装饰设计、室内装饰施工、电气安装、给水排水、智能化等各个不同的专业，各个专业之间紧密配合，分工负责，才能使整体工程显得更为完美、更为合理。

从室内外装饰装修的时间跨度来说，分为设计阶段和施工阶段，本专业主要完成装饰工程项目的设计阶段，包括对建筑物的室内进行合理的设计，在实体工程形成前，利用图纸的形式提前反映建筑物的效果。设计完成后，再由施工人员按照设计师的真实意图进行施工，使图纸变为建筑实体，供人们使用和享受。

室内装饰装修的完整过程（包括设计和施工）为：查看原始建筑物设计图纸（建筑和结构图纸）→实地考察原始建筑物→与客户交流→构思→初步方案设计→正式方案设计→施工图深化设计→施工→实体→使用。室内装饰装修工程实施过程可以用图1-8进行形象地说明。

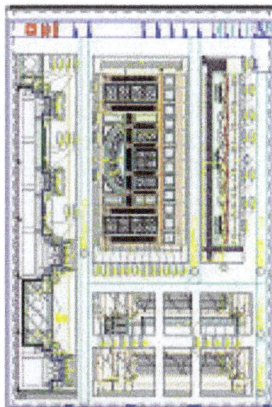

绘图

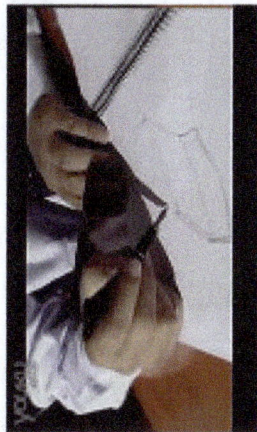

构思

交流

原始建筑

完成

外部

内部

施工

图1-8　室内装饰装修工程实施过程

上述过程中，包括前面所述的各个专业。而我们所学的专业——室内设计技术、环境艺术设计、建筑环境设计、装饰工程管理等，是从查看原始建筑物开始到方案设计再到施工图深化设计，涉及建筑内部空间的表面设计及内部构造设计，其中，装饰工程管理专业是在施工图深化设计的基础上，把书面设计图纸转化为建筑实体。本专业中不包括电气安装工程、通风工程、电梯工程、消防工程等，但是，在设计过程中必须充分考虑到这些相关专业和本专业之间的联系，哪些地方两者会相互交叉、相互影响。

另外，作为设计师还必须熟悉施工流程，因为《中华人民共和国建筑法》规定，设计师有帮助施工和指导施工单位理解设计意图和指导施工的法定义务，大型工程项目还需要设计师入驻现场对施工单位进行相关的指导，帮助施工人员充分领会设计师的设计理念，确保形成符合设计师和业主意图的工程项目产品。从这个角度来理解的话，设计师必须熟悉装饰工程施工，还必须了解装饰工程中其他相关专业的基本知识。

（二）装饰装修项目的设计流程

要对装饰装修工程项目进行设计，首先必须获取装饰装修工程项目的设计权利，即建筑主体的拥有者必须把室内设计的事务委托给你，然后才能进行设计。其中必须经过以下的流程：

1. 招标（建设单位）

建设单位根据工程项目的具体特点，提出相关的要求（包括设计单位的资质等级、经济能力、设计师的设计能力等），在公共媒体上进行公开，符合要求的设计单位都可以申请参加该项目的设计，然后由建设单位进行筛选，被筛选出来的设计单位最终参加该工程项目的设计投标。

2. 申请投标

设计单位对照自身的条件，在确定自身条件符合建设单位招标要求的前提下可以申请参加该项目的设计。经专家评审符合要求后，可以参加该项目的设计竞争（设计投标）。

3. 编制投标文件（主要是设计方案设计）

设计单位（设计师）根据招标文件的要求编制投标文件，即设计方案。在设计前，设计师必须查看原始建筑物，确认原始建筑物没有各种安全隐患。并且，设计师必须深入原始建筑物内进行查看，检查建筑物实体和原设计图纸之间是否相符合，如果不符合，需要业主进行相应的确认。

如果有不明确的地方，设计师可以和业主进行沟通，确保充分理解业主的意图。

4. 投标

具备投标资格的设计单位把设计完成的方案提交给业主。

5. 开标及中标

业主聘请专家对所有提交的设计方案进行评审，选择最合理的设计方案作为该项目的实施方案（开标）；如果被确认为最优方案（中标），即可进行下道工序（施工图深化设计）。

6. 施工图深化设计

设计方案被选中后，设计师必须进行施工图深化设计，帮助施工人员理解设计方案的意图、内部构造及施工方式。如果工程同时涉及其他的专业项目，如排水与采暖、建筑电气、智能建筑、通风与空调、电梯及建筑智能化，必须和其他的专业设计师进行配合，以共同完成建筑物的装饰设计以及施工。通常情况下，装饰装修工程都包括建筑电气安装工程和智能化工程，作为室内设计师，应该懂得这些方面的一些基本知识，方能和这些专业的设计师进行交流，并适时提出自己的想法。

7. 图纸审查

设计图纸完成后，必须提交相关部门进行审查，主要包括消防审查和安全审查，以确保设计方案符合国家相关法律法规和设计的要求。如果审查不符合要求，图纸将被退回重新进行修改。在图纸审查符合要求以前，不允许按照图纸进行施工。

8. 施工

审查符合要求后，由业主交给施工单位进行实体施工（遵循施工必须的程序）。

通过以上程序可以知道，一个设计师不应该仅仅只懂得设计方面的专业知识，还应该懂得招标和投标方面的一些基本知识，以及相关专业的基本知识，方能在装饰装修行业中游刃有余。

设计只是工程项目正式实施的前奏，设计完成后，必须把设计图纸转化为建筑装饰工程实体，即施工。

（三）装饰装修项目的施工流程

要对装饰装修工程项目进行施工，首先必须获取装饰装修工程项目的施工权利，即建筑主体的拥有者必须把室内装饰施工的事务委托给你，然后才能进行施工。从公共装饰工程项目来看，一般应经过下列流程：

1. 招标（建设单位）

建设单位根据工程项目的具体特点，提出相关的要求，在公共媒体上进行公开，符合要求的施工单位都可以申请参加该项目的施工。

2. 申请投标

施工单位对照自身的条件，在确定自身条件符合招标文件要求的前提下可以申请参加该项目的施工。经专家评审符合要求以后，可以参加该项目的施工行为竞争。

3. 编制投标文件（主要是技术文件和商务文件）

施工单位根据招标文件的要求编制投标文件，即技术文件和商务文件。在编制投标文件之前，设计师必须查看原始建筑物，确认原始建筑物没有各种安全的隐患。并且，施工人员必须深入原始建筑物内进行查看，检查建筑物实体和设计图纸之间是否相符合，如果不符合，需要业主进行相应的确认。

如果有不明确的地方，施工人员可以和业主进行沟通，确保充分理解业主的意图。

4. 投标

施工单位把编制完成的投标文件（一般为技术文件和商务文件）交给业主，由业主组织专家进行评审。

5. 开标及中标

业主把所有提交给业主的投标文件聘请专家评审，选择最合理的实施方案作为该项目的实施方案（开标）。如果被确认为最优方案（中标），即可进行下道工序。

6. 实施

方案（投标文件）被专家选中后，施工单位开始着手进行施工准备工作，为正式进场施工做一系列的准备工作。然后，正式按照设计图纸的要求开始实体项目施工。大型项目的施工，必须有设计师入驻现场进行指导。

7. 竣工验收

工程实体完成以后，由业主组织专家（包括政府部门人员）进行检查，确认工程实体符合设计要求和国家相关的法律、法规和各种规范要求。

8. 消防验收

部分公共装饰工程还必须经由当地的消防主管部门进行消防验收，确保消防设施符合国家相关的法律、法规和各种规范的要求。

9. 环境检测

民用建筑装饰工程实体完成以后，还必须由检测部门进行环境检测，即对室内环境中的挥发性有机化合物（TVOC）、苯、氨、氡和游离甲醛进行检测，确保空气环境对人体不会造成伤害。

10. 项目使用

工程项目实体通过竣工验收、消防验收和环境检测以后即可以提交业主使用。

要使设计图纸转化为工程实体，首先必须确保设计图纸的合理性以及可实施性，其次，大型工程项目必须有设计师驻现场解决施工中的难点、疑点，并且，设计师应该掌握建筑装饰工程施工的基本知识。

（四）设计技术的发展历程与发展趋势

室内设计的发展经历了一定历程（图1-9），最早的室内设计主要是为了满足使用功能，经历时代变迁后，人们的审美观念发生了变化，除了追求施工功能的完善以外，开始追求外在美感。

从装饰装修的基本概念知道，装饰装修主要是为了完善建筑物的使用功能并对建筑物进行美化，所以，我们在进行室内设计的时候，必须要注重建筑物的使用功能，在此基础上再进行美化。

设计是连接精神文明与物质文明的桥梁，人类寄希望于通过设计来改造世界、改造环

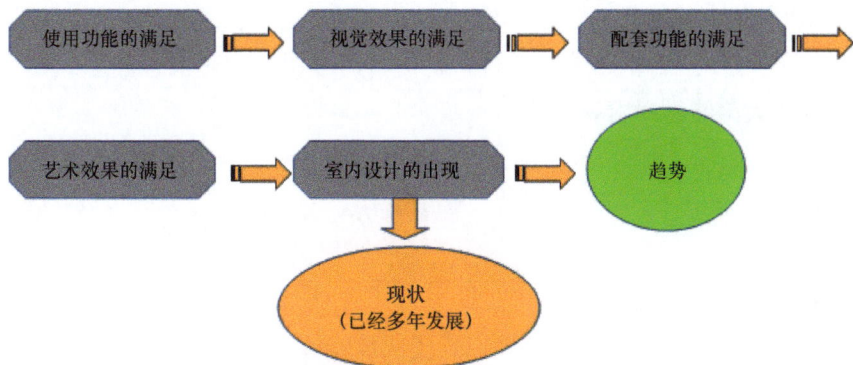

图1-9 室内设计发展历程

境，从而提高人类的生存质量。而室内设计师为了满足人们生活、工作的物质要求（功能）和精神要求（美化）所进行的理想的室内空间环境设计，与人的生活密切相关。所以，室内设计技术必将随着人们生活时代的发展而发展。那么，室内设计技术的发展趋势如何？从大的层面来说，包括以下几个方面：

1. **可持续发展的趋势**

可持续发展是指在不牺牲未来几代人需要的情况下，满足当代人需要的发展，是不同于传统发展的新模式。室内设计必须适应人们审美情趣的发展以及功能发展的需要。

可持续发展主要涉及到3R原则：即减量化原则（Reduce）、再利用原则（Reuse）、再循环原则（Recycle）。

①减量化原则（Reduce）。减少对自然的破坏。节约能源及水资源，尽量使用可再生资源，减少废气、废水的排放，采用自然通风及自然采光。减少对人体的不良影响，提高室内空气质量，消除大楼综合症，选用绿色装饰材料。

②再利用原则（Reuse）。重复使用一切可以利用的材料、构配件、设备和家具，设计师应着重考虑材料今后被重复利用的可能性。

③再循环原则（Recycle）。根据生态系统中不断循环的理论，尽量节约使用稀有物质和紧缺资源。

2. **以人为本的趋势**

重视使用功能的要求，创造舒适的内部物理环境，在通风、制冷、采暖、照明等方面进行仔细探讨。注意安全、卫生等因素。进一步关注人们的心理情感需要。

3. **多元并存的趋势**

多元化的取向、价值观以及多样化的选择成为一种趋势潮流，在多元化的趋势下重新阐释室内设计的基本原则，各种流派不断出现，相互交流、相互补充、不断发展。

4. **注重环境整体性的趋势**

每一个建筑都是社会的一个单体，其整体环境必须和社会的整体环境相一致。

5. 注重运用新技术的趋势

运用新技术的趋势包括各种成品材料、新材料的应用与生态设计理念相结合的设计趋势，地热的利用，太阳能的利用等。

6. 尊重历史的趋势

各个时代的建筑有着各个时代的特征，需要在历史文化的基础上进行整修装饰，体现历史的风貌。

7. 注重旧建筑再利用的趋势

不能断然地否定旧建筑，应该通过一些技术的处理进行再利用，这就必须要熟悉和了解建筑的相关背景，以及改造后用途的相关要求，尽可能合理地利用建筑物。

8. 强调动态设计的趋势

动态设计趋势是指去掉多余的装饰，使建筑室内变得简单、易改。

我国当代环境艺术设计专业的开拓者和学术带头人、清华大学美术学院张绮曼教授认为现代室内设计大致可以归纳为七个新趋势。

①回归自然化。随着环境保护意识的增强，人们向往自然，渴望住在天然绿色环境中。北欧斯堪的纳维亚设计的流派由此兴起，对世界各国影响很大，在住宅中创造田园的舒适气氛，强调自然色彩和天然材料的应用，采用许多民间艺术手法和风格。在此基础上设计师们不断在"回归自然"上下功夫，创造新的肌理效果，运用具象的抽象的设计手法来使人们联想自然。

②整体艺术化。随着社会物质财富的丰富，人们要求从"物的堆积"中解放出来，要求室内各种物件之间存在统一整体之美。室内环境设计是整体艺术，它应是空间、形体、色彩以及虚实关系、功能组合关系、意境创造等多方面的把握以及与周围环境的关系协调。许多成功的室内设计实例都是艺术上强调整体统一的作品。

③高度现代化。随着科学技术的发展，在室内设计中采用一切现代科技手段，使设计达到最佳声、光、色、形的匹配效果，实现高速度、高效率、多功能，创造出理想的值得人们赞叹的空间环境来。

④高度民族化。只强调高度现代化，生活质量虽然提高了，却又感觉失去了传统。因此，室内设计的发展趋势就是既强调现代，又注重传统。日本许多新的环境设计反映了设计人员致力于高度现代化与高度民族化结合的设计。去年落成的东京雅叙园饭店及办公大楼的室内设计，传统风格浓重而又新颖，设备、材质、工艺高度现代化，室内空间处理及装饰细节处处引人入胜，给人留下深刻印象。日本各地的大、小餐厅、菜室及商店室内设计，也均注重体现风格特色。

⑤个性化。大生产给社会留下了千篇一律的同一化问题。相同的楼房、相同的房间、相同的室内设备。如今，人们更加追求个性化。一种设计手法是把自然引进室内，室内外通透或连成一片。另一种设计手法是打破斜面、斜线或曲线装饰，以此来打破水平垂直线求得变

化。还可以利用色彩、图画、图案以及玻璃镜面的反射来扩展空间等，打破千篇一律的冷漠感，通过精心设计，给每个家庭居室以个性化的特征。

⑥服务方便化。城市人口集中，为了高效方便，国外十分重视发展现代服务设施。在日本采用高科技成果发展城乡自动服务设施，自动售货设备越来越多，交通系统中电脑问询、解答、向导系统的使用，自动售票检票、自动开启及关闭进出站口通道等设施，给人们带来高效率和方便，从而使室内设计更突显"以人为本"的主体。

⑦高技术、高情感化。最近，国际上工艺先进国家的室内设计正在向高技术、高情感方向发展，这两者相结合，既重视科技，又强调人性化。在艺术风格上追求变化、创新，新手法、新理论层出不穷，呈现五彩缤纷、不断探索创新的局面。

（五）施工技术与发展趋势

纵观当今的装饰施工技术，新技术得到空前的应用，其中，一个明显的变化是大规模部品化产品（图1-10）的出现。

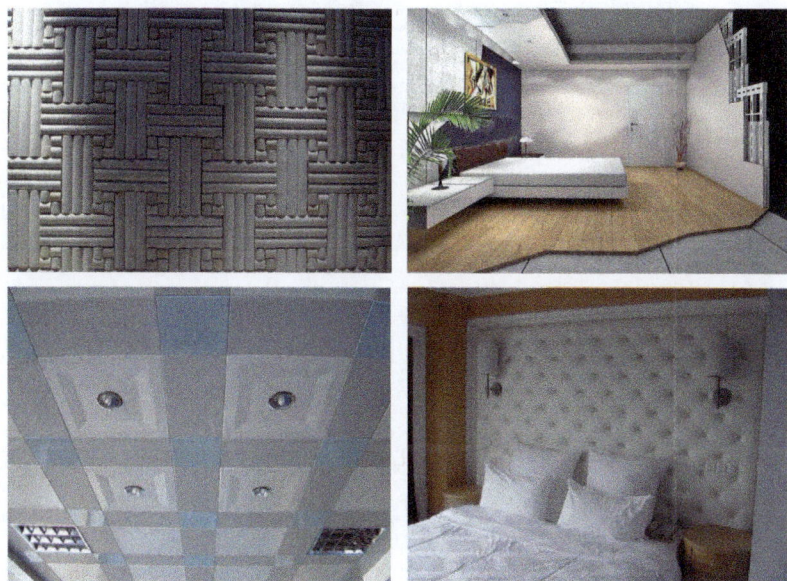

图1-10 装饰工程中常用的一些部品化产品

装饰配件生产工厂化、现场施工装配化，免漆饰面、木制品部品化、各种围护构件的部品化等，例如，成品淋浴房（图1-11）、衣柜、厨房家具、轻质隔墙、活动地板、套装门套等。上述这些部品化材料的出现，都极大地促进装饰工程施工技术的发展，也极大地节省了人力、物力和财力。同时，对工人的操作技能和对生产机具的要求更严格，推动了高技能、高素质施工人才的发展。这种情况下，就要求我们的设计师要熟悉相关的部品化产品和相关的施工操作技能，从而在设计作品中充分地应用相关的部品化产品，以节省资源，改善室内空间环境质量。

图1-11　淋浴房

二、装饰装修行业的经济形势、行业现状及发展趋势与制约其发展的因素

（一）装饰装修行业的经济形势

建筑装饰装修行业的发展，对培育和扩大内需，活跃国内经济市场，创造和增加就业岗位，缓解社会就业压力，带动相关产业以及推动国民经济的持续发展，都有着非常突出的作用。

随着国民经济的发展，房地产业、建筑业将持续迅猛地发展，人民生活水平持续提高，对生活的审美情趣的要求也在迅猛提高，这将促进装饰装修行业也将持续发展（图1-12）。同时，建筑装饰装修新材料不断出现，这些，都决定了装饰装修行业拥有广阔的发展空间和发展前景。

近几年，装饰装修行业市场容量持续发展，主要得益于以下几个方面：

（1）上游产业持续增长带来的市场容量的增长。装饰装修行业的上游产业，主要是房地产开发和建筑业。装饰装修行业作为建筑业中的一个专业分包行业，建筑业的发展对其市场容量的增长具有决定性意义，而建筑业的发展，又要依赖房地产开发业的增长。

①房地产开发带动市场增长。我国房地产开发业增长速度比较快，其中主要是住宅开发

图1-12　高端装饰工程场景

建设的增长，导致住宅装修市场容量增长。房地产开发中，写字楼的增长速度也较快，其主要采取出租的形式，业主的交替更换比较频繁，也会形成装饰装修市场的增长。

我国已经取消了福利分房，住宅开发的购房者全部是居民个人。由于企业投资的多元化，写字楼的承租者也是民营企业或合资企业，因此，这部分市场占比比较大。

②房地产交易中带来的市场增长。房地产市场交易量持续增长，直接拉动住宅装饰市场增长2个百分点左右。特别是放开住房上市交易，增加了二手房、三手房的市场交易量。通过房产市场交易的二手房、转租房，新业主都要经过装饰装修后才能入住。因此，市场二手房、三手房的交易量增加，会带来装饰装修市场容量的增长。

③小城镇建设带来的市场增长。小城镇建设（图1-13）是当前建筑业施工的重点地区，大量的居民、学校、院校及企业、事业单位搬迁，形成巨大的建筑业市场，也为建筑装饰行业市场容量增长，提供了新的支撑点。

当前小城镇建设中，由于出现管理的缺位，造成市场资源流失严重。如果加强管理，提高小城镇建设中的工程市场规范化程度，小城镇建设中的市场容量还将得到进一步的放大。

（2）行业内部创造的市场容量的增长。装饰装修行业内部的规范化，增强了消费者及投资者的信心，也创造出市场容量的增长空间，行业在内部关系及与社会关系的调整，都有了较大的改观，具体表现在以下几个方面：

①行业自律及诚信水平提高带来的市场增长。目前，行业高度重视诚信体系建设，出台了一系列加强行业诚信建设、提高企业自律水平的活动，使行业的社会形象和社会评价有了

图1-13　城镇扩建

较大的好转，因此，消费者投资住宅装饰装修的信心增强，投资者投资公共建筑物的支出也会更为顺畅，引发建筑装饰行业市场规模的扩大。

行业诚信程度及企业自律水平的提高，规范了行业市场，也可以抑制工程的流失和压价导致的粗制滥造，推动正常市场价格体系的实施，保证工程造价的合理性和工程的创利水平，也可以增加工程市场容量。

②行业设计与施工水平提高带来的市场增长。建筑装饰企业普遍提高了质量意识，企业设计与施工水平的提高，可以创造出更多更好的示范样板工程，提高投资者的装饰装修兴趣，有利于将潜在的社会需求转化为现实的投资，扩大装饰装修的市场容量。

利用设计流行趋势发布，新材料、新技术发布等形式，起到了增加市场容量的良好效果。装饰装修活动有较为强烈的时尚性，投资者有较强的趋众、攀比心理，易于形成流行趋势，只要加以引导，就可以扩大市场规模。

③行业材料与部品升级换代带来的市场增长（图1-14）。大量国际品牌的材料进入中国建筑装饰市场，国内材料的生产水平也有了进一步的提高。按照一般市场规律，产品的更新、升级周期越短，市场容量增长就越快。建筑装饰材料与部品外观、功能、性能的改变与完善，都可以创造出人们投资装饰装修的新欲望，从而缩短行业市场中工程更新改造的周期，达到扩大市场容量的目的。

产品更新换代的基础是需求的引导，人们对材料与部品存在的疑虑和恐惧，会产生对

产量（百万吨）

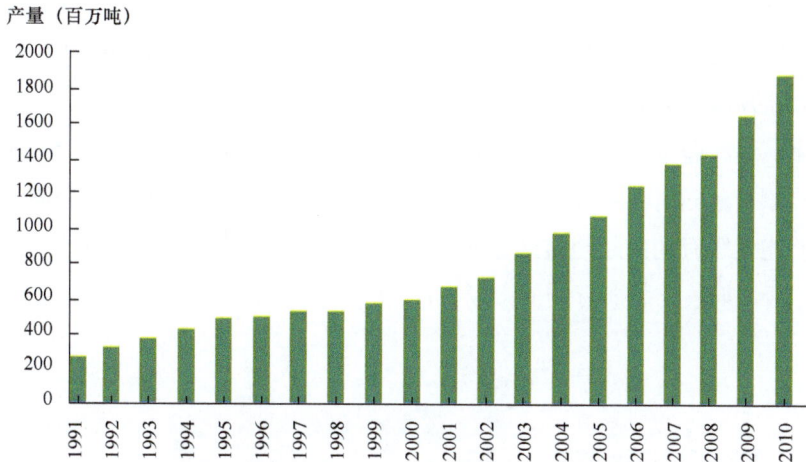

图1-14　材料与部品升级带来的市场（水泥产量）增长

材料部品改造的市场需求。一旦新产品能够解除人们的心理负担，将会提前进行装修改造活力，特别是主要材料与部品标准提高，产品换代后，直接刺激装饰装修投资的增长，引发市场容量的扩展。

（3）国家基本建设投资带来的容量的增长（图1-15）。国家投资是机关、科研、教育等单位进行改造性装饰装修的主要来源，国家建设投资及改造投资，都会直接影响市场容量。虽然国家对基本建设规模进行了宏观控制，但装饰装修工程属于配套性质，市场容量仍然会有增长。

国家基本建设投资（亿元）

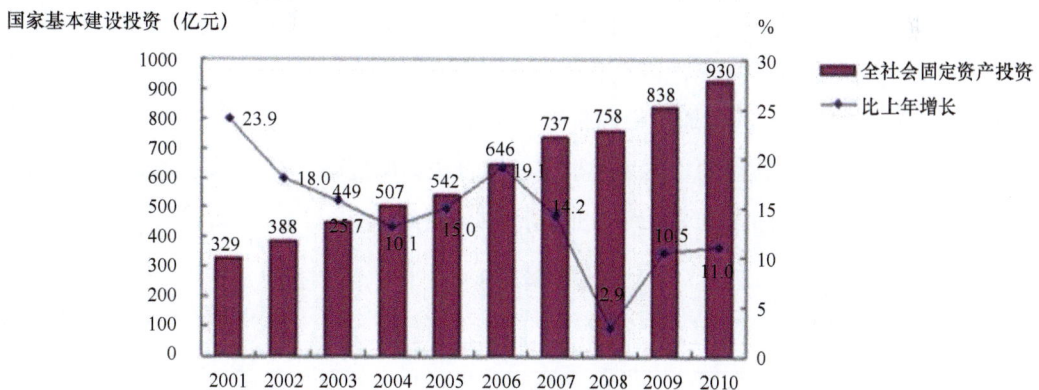

图1-15　基本建设投资带来的容量增长

①新建基础设施配套带来的增长。基本设施建设投资一直是国家投资的重点。与市政、交通、卫生等设施相联系的配套建筑物的装饰装修工程，会随着我国基本建设总的投资规模的增长而有所增长，同时，由于建设标准的提高，同等规模的建筑装饰工程，其档次、造价也会上升，两者作用的结果，都会增加公共装饰装修的市场容量。

由于国家各项事业的发展需求，由政府投资的文化、教育、科研、体育等机构的投资也在逐年增加，新建建筑物的装饰装修工程量也会逐年增加，也会带动由于国家投资形成的建筑装饰行业市场容量的增加。

②既有建筑物改造带来的增长（图1-16）。由国家及地方财政支出的改造性装饰装修工程总量，全国累计超过200亿元。我国既有公共建筑，主要存在于机关、院校、医疗卫生及科研机构，上述建筑有些已经超过使用年限。每年需改造、修缮类装饰装修工程量会逐年增加，因此会不断增加装饰装修行业的市场容量。

图1-16　建筑物改造

国家基本建设投资的资金保证、信誉程度高，市场的风险性小，这部分市场容量的扩展，对行业和企业发展品质提高的带动作用也比较明显。

（4）综合国力增强及国际地位提高带来的市场容量的增长（图1-17）。建筑装饰行业发展水平是综合国力和国际地位的重要表现形式，综合国力的提高，在国际社会政治、经济、军事地位的提高，也会带动国内建筑装饰行业市场容量的增加，具体表现在以下几个方面：

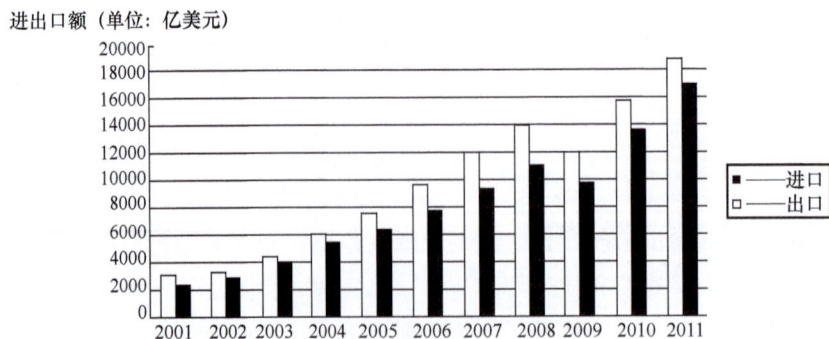

图1-17　国力增长带来的市场容量增长

①大型国际活动带来市场的增长。国际文化、体育、经贸、外交活动，需要有相应的建筑及配套的服务设施，因此，国际活动会带来建筑装饰市场的增长。特别是大型国际活动的举办，其要求的建筑物数量及质量标准都很高，需要进行大规模的投资建设才能满足要求，其市场容量的增长就更为明显，拉动作用也更为强烈。

2004年，受北京举办2008年奥运会，上海举办2010年世博会，广州举办亚运会等大型活动的拉动，举办地的建筑装饰行业扩展的速度都非常快，带动了全国建筑装饰市场的增长。自改革开放以来，伴随我国在国际政治、文化、体育等多方位的进步与发展，日益成为不可忽视的国际力量，国际大型活动在中国的举办越来越频繁，活动的规模和档次也越来越高，形成行业市场容量跨越式扩展的重要机遇。

②国外机构进入中国带来的市场增长。外国投资建厂、设立办事机构等进行的装饰装修工程总量，全国约为200亿元，占细分市场工程总量的30%左右，年增长约40亿元，增长幅度在20%左右，高于细分市场的整体增长速度近10个百分点。由于我国经济的持续高速增长，特别是在加入WTO后，国际经济交往日趋繁忙，国际性大企业纷纷来我国投资发展，也带动了国内建筑装饰市场的快速增长。大型跨国公司在我国的投资，集中在高新产业，其建设标准高，装修已经成为生产性建筑的极为重要的组成部分，在建设投资中占有很大的比重，也形成建筑装饰市场的重要组成部分，并持续增长。

③国际地位提升带来的自身形象提升。随着中国国际地位的提升，中国国内城市的形象也随之进行着极大的改变，各个城市争相建设各种各样的城市建筑，以提升自己城市的形象，从而极大地带动了装饰装修行业的发展。特别是最近几年，高层和超高层建筑如雨后春笋般出现，如知名的长沙"天空城市"，建筑设计总高度838米，地下6层、地上202层，建筑面积105万平方米，还有一条10公里长的步行街从1层直通170层。可以想象如此大的工程项目建设，将会极大推动当地建筑装饰装修行业的发展。

（二）装饰装修行业现状和发展趋势

1. 装饰装修行业现状

纵观目前的装饰装修行业现状（图1-18），虽然行业内的专业分类相对比较全面，但现场施工还是以各种各样的劳动力为主。

2. 装饰装修行业发展趋势

随着国民经济的发展，国民的消费理念发生了很大的变化，国际交流更加顺畅，还有很多其他因素的作用（图1-19），使装饰装修行业整体上呈现出良好的发展势头（图1-20）。其中，选择部品化发展趋势、绿色化发展趋势、智能化发展趋势作简要概述：

（1）部品化发展趋势。部品化发展趋势，简单地说，就是工程生产，现场组装。一直以来，装饰施工现场以手工操作为主，而随着科技的发展，和人们对绿色环保的要求越来越高，很多产品由工厂进行生产，然后到现场进行组装，例如通常所说的集成吊顶、各种造型各异的成品线条、各种现成的地面材料、各种成品轻质墙体材料等（图1-21）。

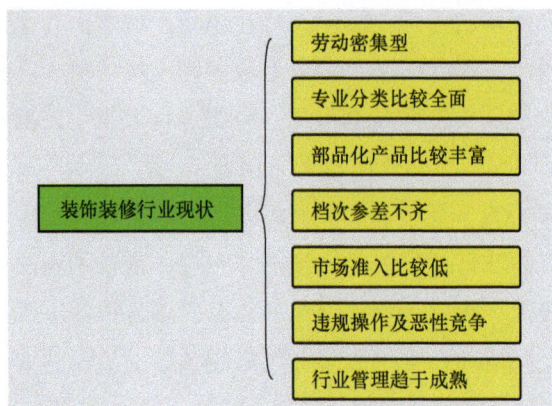

图1-18 装饰装修行业现状

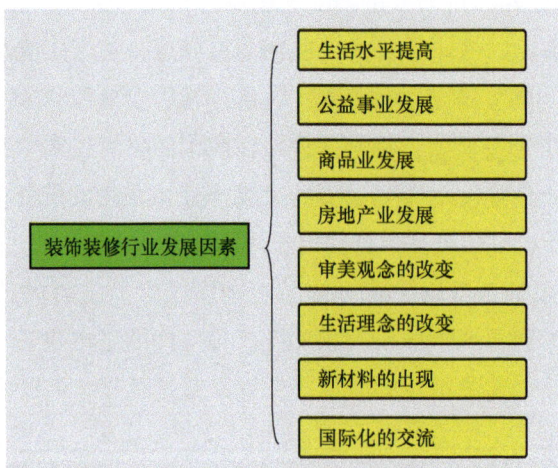

图1-19 装饰装修行业发展因素

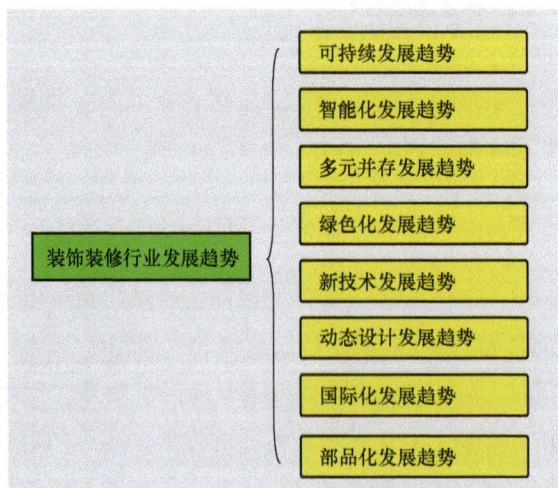

图1-20 装饰装修行业发展趋势

图1-21 部品化产品安装的建筑

（2）绿色化发展趋势。绿色建材是指能够满足环保要求，且在生产过程、使用以及废弃物处理过程中对地球环境影响最小、对人体健康最有利的建筑材料（图1-22）。

图1-22 绿色建筑

一般装饰材料或多或少地都含有有害物质，如放射性物质、甲醛等，除去这些物质也需要采取一定的手段，采用绿色环保材料则可以尽量减少这些物质。

　　（3）智能化发展趋势。将材料和产品的加工和以微电子技术为主的高科技嫁接，从而实现对材料及产品的各种功能的可控与可调，将建筑物带入新的发展方向。例如，灯光的控制、门的控制、楼宇门禁系统、智能防烟系统等。现代的公共建筑中，这些智能化的设备比比皆是，到处可见，其和我们的室内设计专业紧密相关。

　　以上三个方面需要我们的设计师充分地认识到，并在相应的设计作品中进行实现，以符合我们时代的要求。

（三）制约装饰装修行业发展的因素

1. 市场准入比较低

　　很多小型装饰工程公司没有任何资质等级和市场准入证，也堂而皇之地进行进入装饰市场，纵观苏南、苏北的家装市场，很多公司根本就没有营业执照，也堂而皇之地进入各个高档住宅小区承揽项目，而且打的宣传标语甚至比正规的装饰工程公司还要"正规"。还有很多没有资质的农民工直接进入装饰市场进行施工（图1-23），这些行为都破坏了装饰市场的竞争行为，并且极大地降低了工程质量。而且，政府部门的管理力度没有充分地到位，还存在着很多的死角需要政府部门去管理。

图1-23　马路游击队

2. 违规操作

必须通过市场竞争行为争取的工程项目，被拆分以后直接发包给承包人，或者是仅仅通过形式上的公平竞争就把工程项目对外发包。

另外，《中华人民共和国招标投标法》明确规定，不得挂靠、违规分包、转包等形式的施工。但是，纵观目前的装饰市场，挂靠和转包等形式非常普遍，不但如此，在招标和投标中间也存在着非常丑陋的现象。这些，都有待于法律法规的完善和法律法规执行力度的提升。

3. 恶性竞争

很多装饰公司或者是设计公司，把工程造价或者是设计费压到极限费用以下，甚至明知是亏本也要承接业务，接手后又将业务层层分包，并且层层压低工程造价，导致设计方案水平低下，造成工程质量低下（图1-24）。

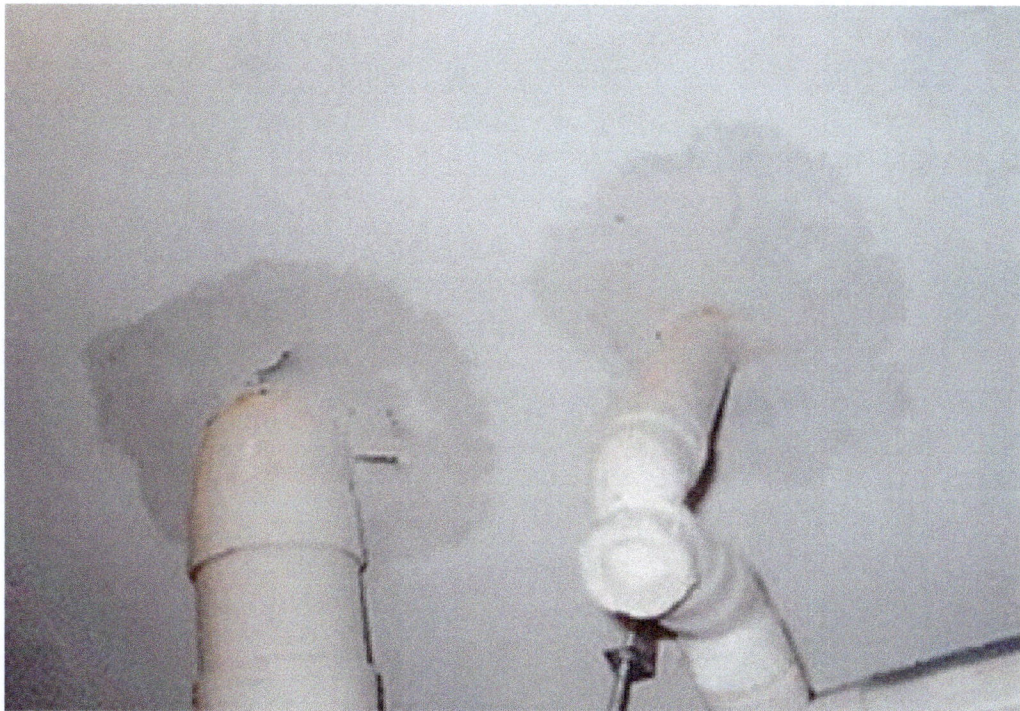

图1-24　工程质量问题示例

4. 关系网的影响

众所周知，目前社会上存在一些善于疏通各种关系以达到自身目的，获取自身利益的人。这种"关系网"同样存在于装饰工程中（图1-25）。据统计，全国经济犯罪中的60%存在于建设工程中，这说明一点：建设工程中的经济利益是可观的，滋生了建设工程中的种种不规范行为，也影响了装饰装修行业的发展。

图1-25 关系网

三、装饰装修行业工作环境

建筑装饰装修行业中有许多不同的岗位，不同的岗位有着不同的工作环境。

（一）设计类专业工作环境

设计类专业的工作环境基本上在室内进行（图1-26、图1-27），需要到现场进行调研的时候则去现场进行相关的工作。

图1-26 设计院

图1-27　设计工作室

现在的设计工作基本上都是借助于电脑进行的，所以，必须坐在电脑前进行方案的设计，一般都是在室内环境中完成的，主要体现的是脑力劳动。

（二）工程管理类专业工作环境

如前文所述，设计的图纸是否能够实施还得经历施工检验，施工类专业的工作环境则基本上是在施工现场进行的，工作环境相对比较艰苦（图1-28），既要进行脑力劳动，又需要有强健的体魄。

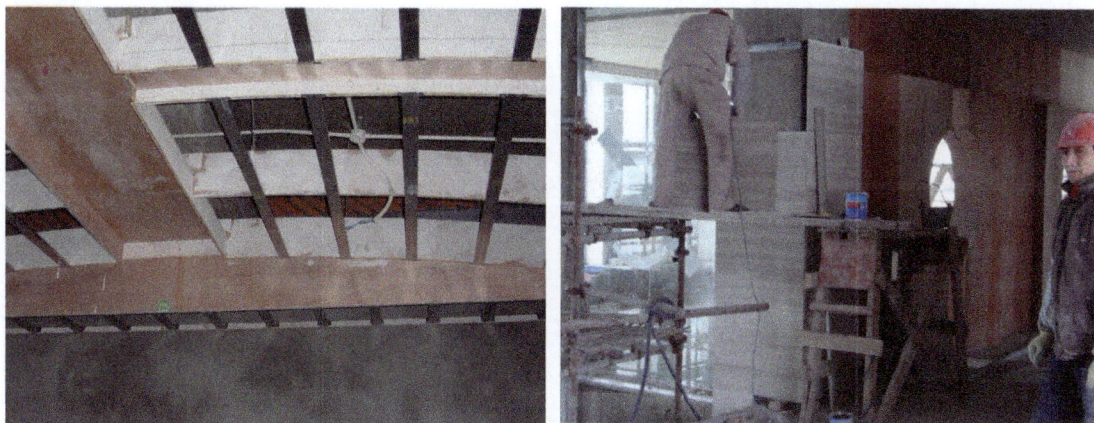

图1-28　施工现场环境一角

四、装饰装修行业就业前景

（一）装饰装修行业人才需求

建筑业是国民经济的支柱产业，21世纪是中国建筑业产业成长和体制变革的关键时期，建筑业具有广阔的发展前景。随着我国城市化水平的不断提高，科学技术的进步和社会的发展，今后兴建的建筑将以大型建筑、高层建筑和智能建筑为主体，建筑设备工程更是要向多功能、高技术的方向迈进。建筑设备工程在基本建设投资中的比重逐年增长，一般建筑的设备工程占工程投资总投资比例的20%～30%，对于大型建筑、高层建筑、智能建筑其设备工程投资占工程总投资比例达到了40%～50%。科技的进步要求从业人员具有更高的技术素质，设备工程行业的科技发展速度相对建筑业的其他行业速度更快，因此，对从业人员的知识结构和能力提出了更新、更高的要求。

我国一般建筑物的设计寿命为50年，特殊建筑物的设计寿命则为100年。随着经济的快速发展，在设计寿命周期内，建筑物的使用者往往会对建筑物进行适当地装饰装修，以达到提高使用效益的效果。还有很多场所需要靠改善营业场所的环境达到吸引顾客的目的，例如KTV、茶座、咖啡厅、宾馆等，这些建筑装饰装修的时间有长有短，可以是几年，可以是十几年，最短的可能一年左右。这些，都给我们的装饰装修带来了无线的生机，也给我们的设计师提供了一定的就业机会。

改革开放的三十余年来，我国建筑装饰装修行业获得了巨大的发展，为我国经济建设和社会发展做出了巨大的贡献。我国正在实施国民经济和社会发展的第十二个五年规划，全行业坚持自主创新，推动资源节约型社会的建设。

中国经济的腾飞，中国市场规模和容量的翻番增长，不仅为中国建筑市场和建筑装饰市场，甚至为国际市场提供了巨大的发展机遇和无限光明的发展前景，也为国际合作提供了更加宽阔的舞台，为中国和来自于世界的建筑师们提供了巨大的商机。但是商机是给有准备的人提供的，认识中国市场规律，遵循中国的市场规则才能把握住机遇。

行业和经济前景的发展，势必导致就业的发展，在装饰装修行业内部将掀起就业热潮，以设计类专业为例，行业人才需求如图1-29所示。

（二）环境艺术设计类专业就业前景分析（图1-30）

如上所述，很多建筑物在设计寿命内，往往在很短的时间内就需要进行装饰装修改造，这些建筑在为经济建设作出贡献的同时，给我们装饰装修市场经济的发展带来了生机，也给我们的设计师提供了很多机遇，因此，环境艺术设计类专业的前景是比较乐观的。

装饰装修行业是直接提高社会服务的行业，无论是从社会的需求分析，还是从社会总供给方向分析，都具有巨大的发展空间。近几年，亚洲需要建设1200家星级宾馆，其中中

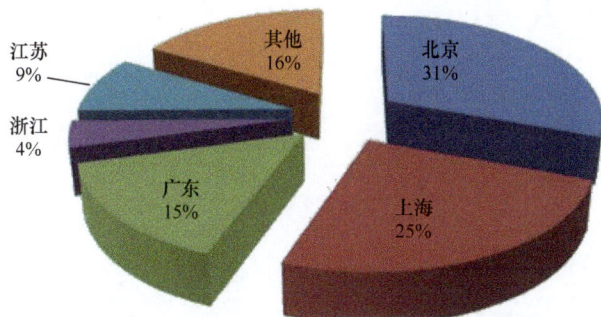

图1-29 装饰装修行业人才需求

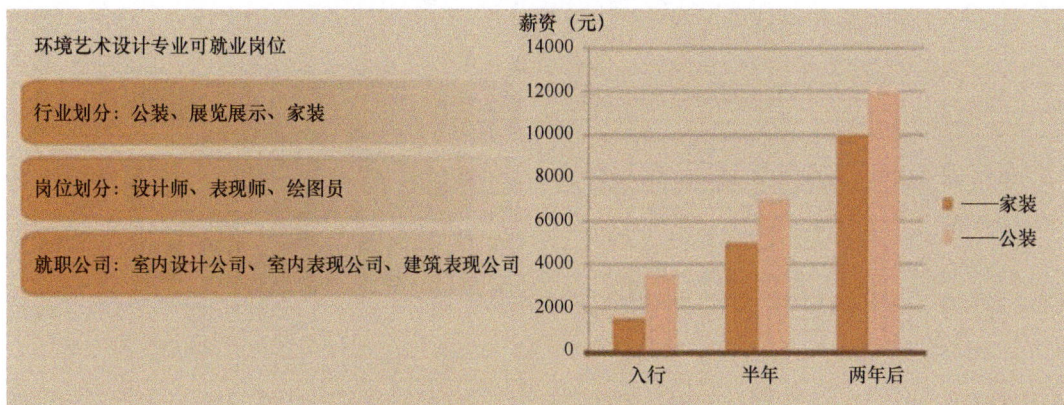

图1-30 环境艺术设计类专业薪资发展图

国就有800家，这给我们的设计师提供非常巨大的就业空间，只要具备专业技能，只要能创造效益，个人发展空间肯定也是非常巨大的。

思考与讨论

1. 装饰装修的基本内涵是什么？
2. 装饰装修行业的发展趋势是什么？
3. 装饰装修行业中各岗位有什么样的工作环境？
4. 装饰装修行业的发展前景如何？
5. 环境艺术设计类专业的就业前景如何？

专题二　专业认知

　　从中学进入大学，这是两个完全不同的学习阶段。高中阶段主要是理论学习阶段，一般不会涉及专业，而进入大学以后，首先接触的就是专业。那么，学生首先必须知道专业是指什么，也就是说首先必须知道以后将要学习的是什么内容，然后才能更好地进行专业知识的学习。

　　初学环境艺术设计专业的学生在进行专业知识学习前，首先应该知道自己所学的环境艺术设计类专业以后从事的是什么样的工作。那么，什么是专业？专业是指根据学科分类和社会职业分工需要分门别类进行高深专门知识教与学活动的基本单位。换句话说，通过专门知识教与学的活动，使学生具备一项适应社会分工需要的某种特定的职业岗位能力。

学 习 目 标

　　1. 了解环境艺术设计类专业。

　　2. 熟悉环境艺术设计类专业对应的工作岗位以及各岗位工作内容。

　　3. 熟悉环境艺术设计类专业与其他相关专业之间的关系。

学 习 任 务

　　1. 描述环境艺术设计类专业以及主要的学习内容。

　　2. 描述环境艺术设计类专业对应岗位的工作环境及工作内容。

　　3. 描述环境艺术设计类专业与其他相关专业之间的关系。

一、环境艺术设计类专业发展概况

（一）由室内装饰到室内设计的演变（图2-1）

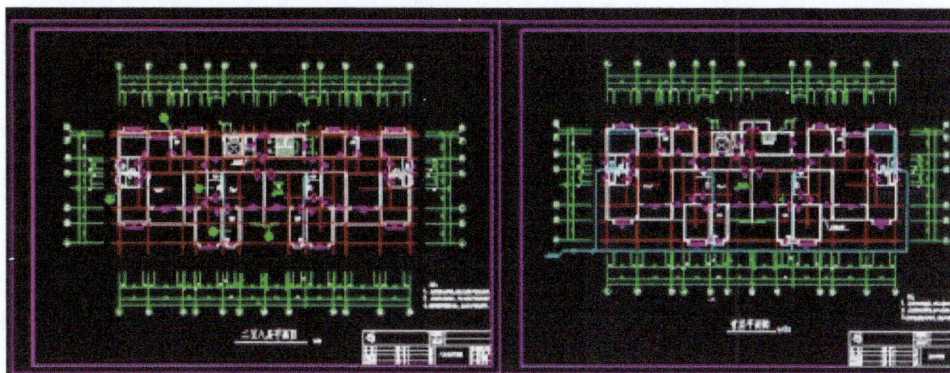

图2-1　室内装饰到室内设计的演变

在漫长的历史长河中，人类在不断地完善自身的同时，也再对其周围事物加以不断的完善。"室内设计"作为一门学科也有其发展、完善的过程。在历史上的某一时期，人们对某一概念的定义在当时是正确的，随着历史的发展、社会的进步、原有的定义随着时间的推进又将被更新或代替。"室内设计"作为一门学科自然也在不断的完善。正如当人们提到"艺术"一词时大家首先想到的是"绘画、音乐、舞蹈"等概念，好像只有绘画、音乐、舞蹈才是艺术，而其他的都不是。翻开《辞海（艺术分册）》我们可以看到艺术的内涵不仅包括绘画、音乐、舞蹈，同时它还包括戏曲、电影、曲艺、杂技、摄影、雕刻、织绣、建筑装饰等门类。它是一个非常大的概念，有许多丰富的内涵。为什么人们会产生这种"错觉"呢？究其原因，这可能同这一概念历史的发展有关。在远古时代音乐、舞蹈和绘画作为艺术的一个门类率先于其他门类首先产生，它们的历史较长，而同时作为其他艺术的基础给人们留下较深的印象。

人们习惯于把室内设计称为室内装饰也有其历史的原因。早在人类发展的初期，人类的生存尚需大自然的恩赐。出于对自然的崇拜人们常常把动、植物的图案以及捕鱼、狩猎的场面画在岩洞、岩壁上。人们把大自然万物当作神灵来膜拜，同时也发现了这些壁画、岩画的优美之处及其具有装饰作用。随着群居生活的出现，出现了人类的早期建筑，于是人们把居室的墙壁绘上了这些图画。一方面表达了人们祈求有更多的食物的愿望，另一方面又美化了住所。早期定居的人们还采用了方、圆一些简单的图案来装饰住所。

随着社会的进步、生产力的发展，居室和神庙的装饰内容也越来越多，越来越精彩。欧洲古希腊、罗马建筑中的柱式、柱头、柱基以及梁拱之精美，至今仍被很多人赞叹。古罗马神庙内的地面石材已采用了方和圆的图案来作为地面的装饰图案。在东方，中国、印度庙宇内的雕刻更不必说，中国皇宫及民居建筑中的木结构、梁架结构之精美，堪称现今框架结构的鼻祖。人们用"雕梁画栋"来形容中国古代建筑，足见中国古代建筑装饰之精美。

手工业的产生，劳动工具的大大改善，使人们在建筑中已经能够把装饰与功能结合起来。古希腊、古罗马的柱式以及中国古代建筑的举梁都是很好的例证。然而人们对美的追求是无穷尽的。17～18世纪的欧洲兴起了"装饰之风"。由于工商业的发展，社会上积累了大量的财富，良好的经济基础使人们在建筑、室内装饰中不惜使用昂贵的材料以炫耀财富。文艺复兴运动也促使欧洲的文化、艺术都得到了空前的发展，工业的进步、手工工艺的提高也都为"装饰之风"的兴起提供了条件。人们把文艺复兴的样式加以变形，追求传奇新颖，运用直线的同时强调线型的流动变化，在室内将绘画、雕刻、工艺运用于装饰和艺术陈设品上，墙面以精美的壁毯装饰，不惜采用高档的石材、木料并镶以金色，尽情装饰，珠光宝气，富丽堂皇。这股风靡一时的"装饰之风"历史上称为"巴洛克风格"。它一经在意大利兴起，便很迅速传到了整个欧洲和美洲，一直到19～20世纪许多建筑都还留有它的烙印，可见其在当时有很强的活力。17世纪的法国国王路易十四在位时进行了大规模的宫廷建造，卢浮宫和凡尔赛宫的室内装饰成为"巴洛克风格"的典型之作。

继"巴洛克风"之后，欧洲又兴起了"洛可可"风。一些贵族对巴洛克的厚重、严肃的效果不满，认为室内装饰应再娇柔、纤细、细腻些，加之商业的发展，当时在欧洲已经有了中国和印度等东方国家的装饰品。东方文化的输入，使卷草纹样在欧洲室内装饰得以大量的运用。曲线在这时期的室内装饰中被运用到了极致，诸如一些陈设与摆饰的轮廓线全部都采用曲线，钢琴的边线也都采用大量的装饰，而在色彩上采用娇艳的颜色，在房间布置上讲究舒适、小巧、玲珑与亲切，这一切使室内的装饰手工技艺更加精堪。当时"洛可可"之风风靡整个欧洲，这一时期人们对"唯美"的盲目追求，使人们一度走入歧途，忽略了功能需求。

17～18世纪的室内装饰之所以只重"装饰"，而忽略其他功能，究其原因同当时没有职业化的室内设计师也有一定的关系。20世纪以前，职业化的室内设计师几乎不存在。室内设计方案甚至于建筑方案往往都是由美术家和工匠联合完成的。文艺复兴时期的著名建筑梵蒂冈圣彼得大教堂就曾由世界著名的画家、雕塑家米开朗琪罗担任总设计师。著名的巴黎歌剧院前厅的设计者夏涅也是毕业于巴黎美术学院。艺术人士提供的设计，人们对"唯美"的一味追求，自然也就导致了唯美的形式主义在室内装饰中的泛滥。

1897年，一个旨在与传统隔裂的学派——分离派在维也纳形成，并首次提出了"整体的艺术"这一美学标准，把建筑、室内装饰、染织、服装、服饰都变成了一体化的风格，打破了装饰脱离建筑、室内构件的状况。一些思想家和建筑家也对装饰提出了批评。美国建筑家沙利文在《建筑的装饰》（1892）一文中就指出"装饰是精神上的奢侈品，而不是必需品"。他的学生赖特后来又提出了"有机建筑"理论。"有机"不是无功能的形式，也不是无形式的功能；不是细部与群体无关，也不是群体与细部脱节，而是形式与功能的完美统一及形体、结构和空间的高度完整与平衡，重新把形式与功能结合起来。1919年由美术学院和工艺美术学院合并成的魏玛包豪斯设计学校成立。包豪斯学派的思想与理论在当时造成很大的影响，它强调形式追随功能的重要性，并把空间概念导入设计理论，首次提出了四维空间理论（三维空间+时间），强调建筑空间与结构功能的合理性，强调机械化大生产对于造型的单纯化要求。至此，室内装饰风被全面、更完善的室内设计取而代之。

20世纪以后，由于工业化大生产，钢筋混凝土、钢结构在建筑中大量使用，建筑的功能也变得复杂多样，新型建筑形式大量涌现，许多老房屋因不适应时代的需要而等待改造。在这种状况下，室内装饰业开始从建筑中脱离出来，出现了职业化的室内设计师。而到了20世纪30年代，室内装饰业成为正式的独立专业类别。1931年，美国室内装饰者学会成立，成为美国室内设计师学会的前身。

20世纪50年代，由于建筑用途、功能的复杂化，使室内设计更加专业化。如大型商场空间的设计，办公空间的设计等促成了室内设计的独立。作为一门综合性的室内设计已经和仅局限于艺术范畴的室内装饰有所区别，其包容范围更广，内涵更多。

至此，我们已清楚地看到如果20世纪以前，尤其是17～18世纪，把"室内设计"称为

"室内装饰"还是比较贴切的话，20世纪以后，随着形式与功能结合的强调，空间概念在室内设计中的导入，再把"室内设计"称为"室内装饰"就是不完善的了，到这时室内装饰已成为室内设计的因素之一。"室内装饰"已演变为全方位的"室内设计"，"室内设计师"的称号在世界范围内得到承认。1957年美国"室内设计师学会"的成立标志着这门学科的最终独立，同年，我国也在中央工艺美术学院成立室内系。

"室内设计"代替"室内装饰"成为一门专门的学科经历了漫长的历史演变，其整个发展过程可概括为：纯装饰（原始的萌芽状态）→与构造结合（古希腊、古罗马时期）→为装饰而装饰无谓的添加（巴洛克、洛可可时期，装饰的鼎盛时期）→重新把装饰形式与功能结合，导入空间概念（20世纪30年代出现专职室内设计师、20世纪50年代美国"室内设计师学会"成立，室内设计成为独立的学科）。

科学在进步，社会在发展，20世纪60年代以后，后现代主义又提出了一系列的新的设计思想，强调建筑的复杂性、矛盾性、多元性，崇尚人性的复归、环境意识的觉醒。新技术、新材料的冲击对室内设计的要求也越来越高、越来越细。近年来，日本已经把室内设计师分为三种：第一种是以空间设计为重点的"室内建筑师"；第二种是以设计室内使用的家具和陈设品为重点的"室内产品设计师"；第三种是传统的"室内装饰师"。在进行一项设计的时候，这三种设计协调合作、分工有序，同时又各具重点、各有所长。

当今，科学发展日新月异，信息浪潮扑面而来，社会已向着高效能、高节奏、高情感、高物质的方向发展。人们走入家庭的时间越来越多，网络也在大踏步地走入家庭。人们购物、办公不须出门，人们天各一方也可在网上相会，相隔万里也能共同完成某项工作。有人预言摩天大楼在21世纪将像恐龙一样的消失，而家庭将成为人们日常生活、工作的场所。那么，家居的室内设计又将提出新的要求，人们对室内、外环境也将提出新的需求。现在世界上很多发达国家都在研究高智能化的家居环境，清华同方在我国也率先推出了数字化人居环境整体解决方案。

（二）高职专业教育的功能与特点

高等职业教育本身是随着现代科学技术与现代大工业的产生和发展而产生和发展的。从它诞生之日起就强调要根据劳动力市场的需要培养人才，以就业为目标。职业教育追求的人才培养目标是做到学校教育与社会生产实践的零距离。这些都表明高等职业教育必须瞄准生产实践的需要进行人才培养，针对不同的岗位培养不同的专业人才。

高等职业教育的基本职能之一就是为企业提供高素质应用型技能人才。与此不同的是，目前的普通本科教育为了加强创新型人才的培养，强调的是淡化专业，加深加宽基础，目前正在实行按院、系招生。这是两种不同的办学理念，也是两种不同的人才培养目标。高等职业教育是面向具体的生产实际的岗位进行人才培养，普通高等教育是面向较为宽泛的行业进行人才培养；高等职业教育人才培养的目标对应一个"点"，而普通高等教育的人才培养的目标则对应的是一个"面"。正如有的学者所说：高职教育的职业性指向比较具体明确，基本按照建设、生产、服务、管理第一线的工作岗位或岗位群来设置专业，而普通高等教育的职业性针对的是某种职业岗位范围，只是指明了就业的大体方向。因此普通高等教育注重学科理论的系统性和完整性，使所学专业可以覆盖多种职业，扩大毕业生的就业范围。

高职院校必须坚持以服务为宗旨，以就业为导向，为社会主义现代化建设培养千百万技能型高素质人才，职业教育必须与市场需求和劳动就业紧密结合。这就要求高职教育必须按不同的就业岗位所需要的职业能力进行教学内容的设计。要打破传统的学科体系模式组织教学内容，以能力为本位进行教学。这样培养出来的学生才具有很强的职业能力，实现人才培养与岗位职业要求的"零距离"。

（三）高职院校的专业建设

1. "双师型"师资队伍建设

"双师型"的师资队伍是职业院校办学的一大特点，也是办好高等职业院校的基本条件。目前，承担环境艺术设计类专业教学任务的环境艺术设计教研室全体教师都是"双师型"教师，均具有丰富的实践工作经验，师资模式如图2-2所示。

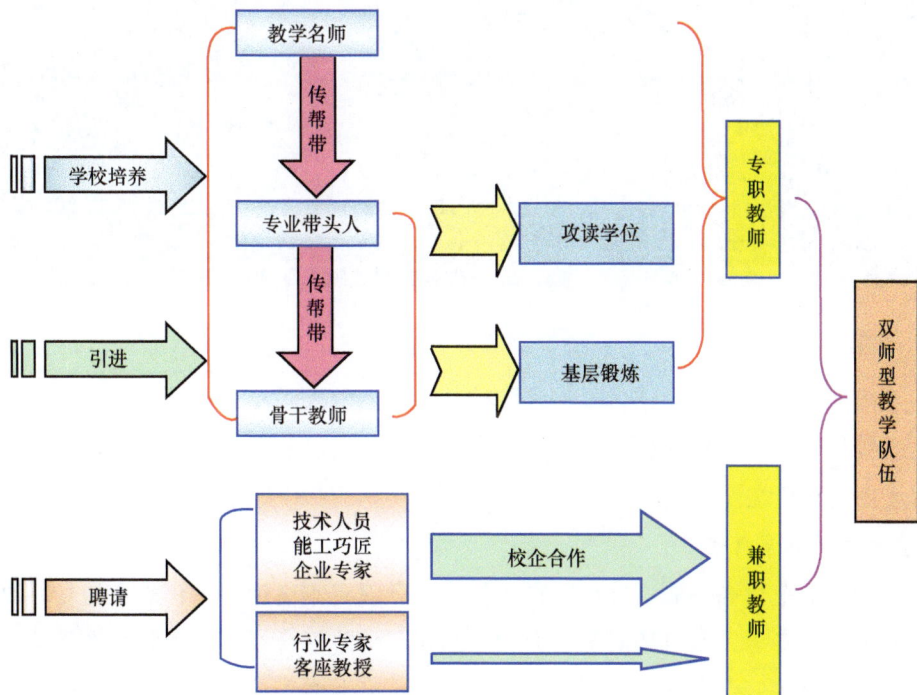

图2-2 师资模式

2. 校内实训基地建设

由于生产型实验实训基地的建设需要大量的资金投入，且学校自行建设的实训基地也容易与社会生产实践的需要脱节，所以学校与社会、与企业联合兴办各种类型的生产车间或基地，都将社会生产实践与学校的教学工作结合起来。这样培养出的人才，才是社会所需要的，也是高职院校办学目标所追求的。

3. 工学结合的办学模式

高职院校实行工学结合的教学模式，即学生在上学期间利用课堂或者是课余时间到企业进行实践操作（图2-3），在工作实践中学习，能达到事半功倍的效果。

图2-3 学生在企业实习

在办学模式上要实行工学结合。许多院校都有自己的工学结合模式，这些模式本无优劣之分，但要强调的是，我们学校的工学结合模式有我们自己的特点，这是学校的办学精髓所在，也是生命力之所在。

4. 多元化的办学模式

我校是国家示范性高等职业院校，在学校内，开设有本科远程教育，有与专科对接的本科学习，有成人教育等，并且还有与澳大利亚堪培门学院联合举办的国际合作学院。其中，南京艺术学院在我院开设专接本课程，极大地方便了广大学子，为学生深造提供了得天独厚的机会。

二、本专业与其他相关专业之间的关系

环境艺术设计包括城规建筑设计、园林广场设计、雕塑与壁画等环境艺术品设计以及室

内设计。室内设计是为了满足人们生活、工作的物质要求和精神要求所进行的理想的内部环境设计，与人的生活密切相关，以至于快速发展成为一门专业性很强、十分实用的新兴边缘科学。

我院的环境艺术设计类专业主要有以下四个方向：

（1）建筑环境设计方向。毕业生主要面向景观规划设计公司、建筑装饰工程公司、家具设计制作公司、商业展销设计公司、广告装潢工程设计公司等企业，从事景观规划设计、建筑室内设计、空间艺术设计、建筑环境效果图制作等工作。

（2）室内设计方向。毕业生主要面向建筑装饰工程公司、家具设计制作公司、空间陈设设计公司、商业展销设计公司、广告装潢工程设计公司等企业，从事各类空间陈设设计、建筑室内设计、空间艺术设计、室内效果图制作等工作。

（3）建筑效果图设计方向。毕业生主要面向建筑室内外空间装饰方案设计公司、建筑装饰工程公司、家具设计制作公司、商业展销设计公司、广告装潢工程设计公司等企业，从事各类建筑室内空间艺术设计、建筑室外装饰方案设计、建筑室内外效果图表现等工作。

（4）装饰工程管理方向。毕业生主要面向建筑装饰工程公司及建筑监理工程公司等企业，从事各类建筑室内装饰工程施工管理、监理、装饰工程预决算和施工图深化设计等工作。

1. 与环境艺术设计类专业相关的其他专业

与环境艺术设计类专业相关的其他专业，是指在专业学习过程中，有一部分课程同时指向另外一个专业，例如：装饰工程施工技术、建筑装饰构造、建筑装饰工程定额与预算等，这些课程不仅指向室内设计，且同时指向建筑装饰施工类专业。

如前文所述，一个设计师只有掌握部分室内装饰施工的基本知识，才能判断设计方案的可行性与合理性，也只有懂得建筑装饰的基本构造形式，才懂得如何对建筑物进行合理的包装设计。

另外，在实际工作中，建设单位往往需要知道实际方案的可能成本是多少，或者建设单位需要对室内装饰的成本进行相应的控制，这种情况下，设计师还必须掌握一定的工程成本的计算方式与方法，而建筑装饰工程定额与预算同时也指向工程造价专业。

当然，在专业学习的过程中，不可能把和专业有关的知识全部在课堂进行学习，为了适应以后工作岗位的需要，也为了适应自身的发展，学生在校学习期间，有必要通过选修或者自学的方式，涉猎相关专业方面的知识，为自己的成长提供帮助。

2. 室内设计类专业与相关专业的关系

实际上，这些相关专业也确实对本专业有一定影响，因为，一个建筑物本身就是整体，不可能全部由环境艺术设计专业人员完成，因此需要其他各个专业的人才和我们一起来完成，如安装工程、通风工程、电梯工程。也就是说，现代建筑师是一个联合体（图2-4），我们需要了解相关专业的相关情况，并需要他们配合我们来一起完成建设工程项目的装饰装修。

图2-4　现代联合体建筑模式

一个好的室内设计作品，需要美好的灯光技术来进行衬托，需要安装工程人员来和我们进行配合，很多智能化方面的项目，也需要智能化方面的专业人才来帮我们实现。从装饰工程的发展趋势来看，智能化在装饰工程中的应用越来越广泛，越来越全面。多媒体会议（音响）系统、建筑设备监控系统、背景音乐与公共广播系统、防盗报警系统、一卡通管理系统、闭路电视监控系统、火灾自动报警系统、无线对讲与巡更系统、网络系统等越来越多地渗透到装饰工程中。所以，我们和这些专业的联系也越来越紧密。

三、专业教育与通识教育

高等职业院校教育的目的是使学生掌握一定的专业技能，同时必须具备较强的通识能力，专业教育和通识能力之间有着密切的关系（图2-5）。

（一）专业能力要求

可以简单地把设计师分为方案设计师和施工图深化设计师，然后再来分析方案设计师和施工图深化设计师的专业能力要求。

（1）方案设计师专业能力要求。根据人才培养方案和实际工作可知，方案设计师必须具备下列能力：

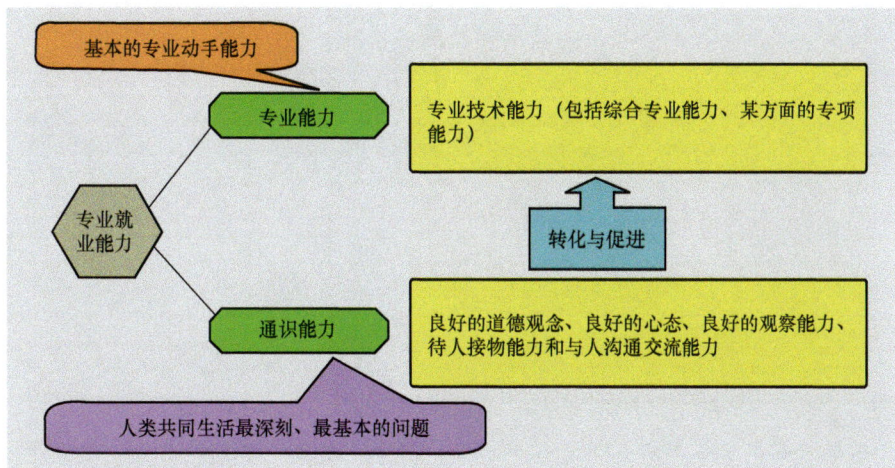

图2-5 专业教育和通识教育关系

①具备一定的艺术素养、文学素养及艺术设计理念，具有较强的建筑空间概念。

②掌握常规建筑装饰材料及部分非常规性材料的使用方法，掌握建筑室内外装饰的设计和表现方法，具备设计方案的快速表达能力。

③熟练掌握计算机的操作，能够应用办公设计软件进行与专业相关的文案、图表和媒体视频的制作。

④能结合行业制图规范和标准、室内设计原理与设计方案表现技巧，熟练运用制图软件AutoCAD、三维设计表现软件3DMAX与SketchUp、图形图像处理软件Photoshop与CorelDRAW等，按照设计任务书的要求进行建筑室内外装饰工程项目的方案设计与设计中后期的方案综合表现。

⑤能依据建筑设计图纸和要求进行建筑外观或景观方案图的设计表现，协助项目负责人完成建筑或相关产品的虚拟现实动画的设计表现任务。

⑥能在设计工程项目施工实施过程中指导材料选样和施工工艺，协助项目负责人完成设计项目的施工管理与验收。

（2）施工图深化设计师专业能力要求。

根据实际工作可知，施工图深化设计师必须具备下列能力：

①具有较强的房屋建筑概念和建筑空间概念（图2-6）。

②掌握实际建筑装饰的基本性能以及相应的特点。

③熟练掌握计算机的操作，能够应用办公设计软件进行与专业相关的文案制作。

④准确理解设计师的设计理念，结合房屋建筑结构和建筑空间形式把设计方案通过图纸形式准确反映给施工人员。

⑤熟练掌握制图规范，能根据设计方案绘制各种施工节点详图，确保深化设计图纸的合理性与安全性。

图2-6　建筑空间概念

（二）通识能力要求

通识教育，是指人们生活各个领域的知识和所有学科的一般性知识教育（图2-7），是把人类共同生活最深刻、最基本的问题作为要素的教育。

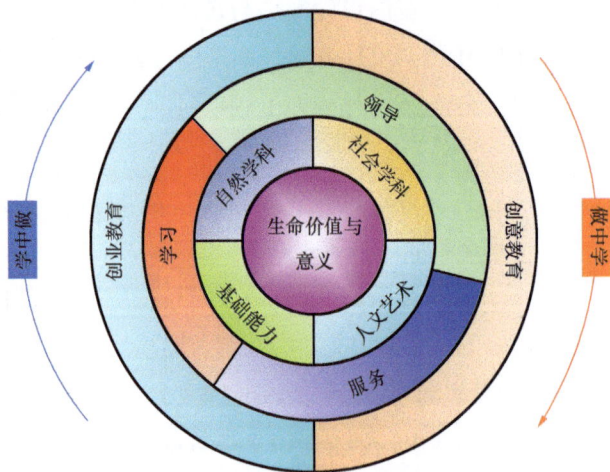

图2-7　通识教育模块

通识教育旨在通过非职业性的课程设置，使学生树立开放性的思想观念，塑造全面的素质，构筑合理的知识结构和能力结构，拓展知识背景和能力基础，开阔学生视野，为发展创造性思维能力，为知识与能力的迁移和发展奠定基础，提升学生的人文素养、基础知识积累、增强社会适应性，培养具有宽广视野、人文及科学精神的健全公民，最终促进人的全面发展的教育模式。

同时，教育主要包括人类社会的历史与文化教育、人文与社会科学知识的教育、道德教育、社会生存能力的教育、心理素质的培养等，这体现人文主义的理念，是各类院校的共同目标。

教育的本质乃是培养健全的人。蔡元培先生说，"教育是帮助被教育的人，给他能发展自己的能力，完成他的人格，于人类文化上能尽一份子的责任"。潘光旦先生指出，"教育的理想是在发展整个的人格"。这就说明我们的学生在求得专业知识的同时必须关注真实社会的真实情景，为毕业以后及时融入社会打下基础，这就涉及求知、做人、做事等方面的问题。

专业教育对于学生的工作技能培养至关重要，但是，一个学生如果不具备一定的通识能力，很可能导致片面发展，形成片面的思维定势，直接影响大学生综合素质的提高，甚至影响性格和人的一生。

学生除了扎实的专业能力以外，还必须具备较强的求知能力、社会环境适应能力、与人沟通相处的能力，具体要求如下：

（1）敬业。热爱本职工作，认同就职企业。一项调查显示，学术水平已不是招聘的首要条件，而是工作态度。如美国联邦储备银行总裁贝特·博伊尔说：公司给一个人工作，实际上是给一个人生存的机会，如果能认真地对待这个机会，也才对得起公司给予的待遇。

（2）认同自己的公司与岗位。员工对企业是否认同决定着工作的态度，如薪水、培训、领导风格、同事关系、企业文化等。只有对公司认同，才能把敬业精神发挥得更好。对于员工来说，不管是否喜欢这家企业，除非你选择离开，否则就要接受它，接受公司也就是接受自己。因为在你不满意的环境中，肯定不能获得成功。

（3）责任。履行职位职能，不找任何借口。责任心是员工的另一重要素质。一个人承担的责任越大，证明他的价值越大。一个不负责任的员工往往会找很多借口，这也是老板区分有没有责任心的方法。应该时刻要求自己：责任面前没有借口。

（4）忠诚。忠诚自己职业，维护企业利益。忠诚是市场竞争中的基本道德原则，违背忠诚原则，无论是个人还是组织都会受到损失。

（5）进取。自信乐观主动，挑战工作压力。

（6）合作。友爱团结互助，协作共同进步。团队精神是团队的成员为了团队的利益和目标而相互协作、尽心尽力的意愿和作风，是将个体利益与整体利益相统一（图2-8），从而实现组织高效率运作的理想工作状态。

（7）创新。敢于打破常规，习惯创造革新。创新是一种具有高度自主性的创造性活动。具有创新精神的员工，都会在变化中不懈追求和努力实现事业的成功，同时他也会得到肯定与回报。

（8）高效。以业绩为向导，获取最大效益。作为员工，想要迅速获得老板的赏识，最好的方法是尽可能提高工作效率。在开展工作之前，首先应考虑的是如何用最简单、最省力

图2-8　团队合作

的方法去获得最佳的成效。

（9）服从。遵守组织纪律，坚决执行指令。大到国家、军队，小到一个企业、部门，其成败很大程度上就取决于是否完美地贯彻了服从的观念。

（10）遵守基本的职业道德。

①职业。职业是人们在社会中所从事的有一定社会责任、具有专门业务、作为生活来源的相对稳定的工作；从社会角度看职业是劳动者获得的社会角色，劳动者为社会承担一定的义务和责任，并获得相应的报酬；从国民经济活动所需要的人力资源角度来看，职业是指不同性质、不同内容、不同形式、不同操作的专门劳动岗位。

②职业道德。职业道德是指在职业活动中对人们职业行为的客观要求，是在职业活动中所应遵循的、具有自身职业特征的道德准则和规范。

在现代社会里，职业道德是一种高度社会化的角色道德。它是社会道德系统中的一个有特色的分支。它具有道德的时代特征，是现实社会的主体道德；它又具有社会公共性和示范性。在社会主义现代化建设进程中，每一个社会成员都应倍守以"爱岗敬业、诚实守信、办事公道、服务群众、奉献社会"为主要内容的职业道德。

但是不同的职业又有着各不相同的职业道德。在职业活动中，每一种职业都有它自己的生产或服务对象，都有各自工作的环境、内容和形式，都承担着不同的社会责任，具有不同的利益和义务。因此，对从事不同职业的人员应提出不同的职业要求，规定不同的职业道德规范，使从业者明确什么样的职业行为是对的，是应该做的，什么样的行为是错的，是不该做的。

一般地说，一个人一生中大约有三分之一时间在职业活动之中，人的主要成就是在职业活动中做出的。许多英雄人物、劳动模范、科技人才，他们之所以受到人们的尊重和爱戴，根本的一点是他们在职业实践中遵守职业道德规范，才能在自己的岗位上创造出不平凡的业绩。大学生是将来有关职业的中坚，加强职业道德修养，是大学生在校期间的一项重要课题，是为将来走上工作岗位进行的必要准备，当代大学生应该成为具有社会主义职业道德修养的优秀人才。

四、环境艺术设计类专业人才培养目标与就业岗位（群）人才素质要求

（一）专业人才培养目标

本专业培养拥护党的基本路线、具有本专业的必备基础理论知识和专门知识、具备较强的从事人居环境空间规划设计、方案表现、方案实施和施工管理等实际工作能力，适应生产建设（管理、服务）第一线需要的德、智、体、美、劳方面全面发展的技术技能型人才。

1. 建筑环境设计方向的培养目标

毕业生主要面向景观规划设计公司、建筑装饰工程公司、家具设计制作公司、商业展销设计公司、广告装潢工程设计公司等企业，从事景观规划设计、建筑室内设计、空间艺术设计、建筑环境效果图制作等工作。

毕业生就业初期可胜任助理景观规划设计师、助理室内设计师和设计绘图员等岗位，从业3～5年后可胜任小型城市人居环境规划设计工程项目主案设计师、中小型建筑室内装饰工程项目的主案设计师、工程项目管理（含方案设计、表现和施工）主管等岗位，10年后可胜任中大型的建筑室内外工程项目的工程项目主管、设计部门主管或设计总监等岗位。

2. 室内设计方向的培养目标

毕业生主要面向建筑装饰工程公司、家具设计制作公司、空间陈设设计公司、商业展销设计公司、广告装潢工程设计公司等企业，从事各类空间陈设设计、建筑室内设计、空间艺术设计、室内效果图制作等工作。

毕业生就业初期可胜任陈设师助理、助理室内设计师和设计绘图员等岗位，从业3～5年后可胜任中小型各类空间陈设师、建筑室内装饰工程项目的主案设计师、工程项目管理（含方案设计、表现和施工）主管等岗位，10年后可胜任中大型的建筑室内工程项目的工程项目主管、设计部门主管或设计总监等岗位。

3. 建筑效果图设计方向的培养目标

毕业生主要面向建筑室内外空间装饰方案设计公司、建筑装饰工程公司、家具设计制作公司、商业展销设计公司、广告装潢工程设计公司等企业，从事各类建筑室内空间艺术设计、建筑室外装饰方案设计、建筑室内外效果图表现等工作。

毕业生就业初期可胜任建筑装饰设计效果图表现师、助理室内设计师和设计绘图员等岗位；3～5年后可胜任中小型建筑室内外装饰工程项目效果图表现主管、主案设计师、方案设计、工程项目管理（含方案设计、表现和施工）主管等岗位，10年后可胜任中大型的建筑室内工程项目的工程项目主管、设计部门主管或设计总监等岗位。

4. **装饰工程管理方向的培养目标**

毕业生主要面向建筑装饰工程公司、监理工程公司以及房地产开发公司等企业，从事各类建筑室内装饰工程施工管理、监理、装饰工程预决算和施工图深化设计等工作。

毕业生就业初期可胜任建筑室内外装饰工程施工员、监理员、设计师助理、装饰工程施工图深化设计以及装饰设计绘图员、装饰工程概预算等岗位，从业3～5年后可胜任中小型装饰工程项目管理主管、施工图深化设计部门主管、装饰工程造价师等岗位，10年后可胜任中大型的建筑室内工程项目的工程项目主管、总监理工程师、设计部门主管和装饰工程公司造价部门主管等岗位。

（二）综合职业能力要求

1. **方法能力要求**

①具有通过网络、文献等不同途径获取信息并进行信息处理的能力。

②具有独立学习获取新知识和新技能的能力。

③具有运用已获得知识、技能和经验独立分析和解决问题的能力。

④具有一定的数字应用能力。

⑤具有一定的自我控制、管理及评价能力。

2. **社会能力要求**

①具有良好的道德操守，遵纪守法，社会责任感强。

②具有良好的职业道德，爱岗敬业、踏实肯干、勇于创新。

③具有健全的心理素质和健康的体魄，有较强的社会适应性。

④具有劳动组织和执行任务的能力。

⑤具有一定的语言文字表达能力。

⑥具有团队合作、沟通协调、人际交往能力。

3. **专业能力要求**

（1）专业共性能力要求。

①具有一定的艺术素养、文学素养及艺术设计理念。

②具有较强的建筑空间概念、环境空间概念。

③掌握计算机操作，应用办公软件进行与专业相关的文案、图表的制作。

④掌握专业软件操作，如AutoCAD、3DMAX与SketchUp等。

⑤掌握建筑行业制图规范和标准。

⑥掌握常规建筑内外装饰材料及部分非常规性材料的使用方法。

⑦掌握建筑室内空间的设计方法，具备设计方案的快速表达能力。

（2）各专业方向能力要求。

环境艺术设计专业各专业方向能力如表2-1所示：

表2-1 环境艺术设计专业各专业方向能力

专业方向	专业方向能力
方向一： 建筑环境设计方向	1. 掌握居住建筑空间、庭院（绿地）规划设计、植栽设计及设施设计 2. 掌握公共建筑空间、庭院规划设计、植栽设计及设施设计 3. 掌握中小型城市开放空间规划设计、植栽设计及设施设计
方向二： 室内设计方向	1. 掌握家居空间艺术设计与方案表现 2. 掌握商业展示空间设计 3. 掌握餐饮娱乐室内空间设计 4. 掌握空间艺术陈设与实施
方向三： 建筑效果图设计方向	1. 居住建筑室内空间设计与效果图设计表现能力 2. 公共建筑室内空间设计与方案表现能力 3. 建筑外装饰设计与方案表现能力
方向四： 装饰工程管理方向	1. 公共装饰工程室内外装饰施工管理（含监理）能力 2. 建筑工程室内外装饰工程施工图深化设计能力 3. 装饰工程概预算管理能力

五、环境艺术设计类专业及相关专业工作内容

环境艺术类专业是一个专业群的概念，其中有着各种不同的工作门类，各个不同工作门类的工作内容及性质也有着千差万别（图2-9）。

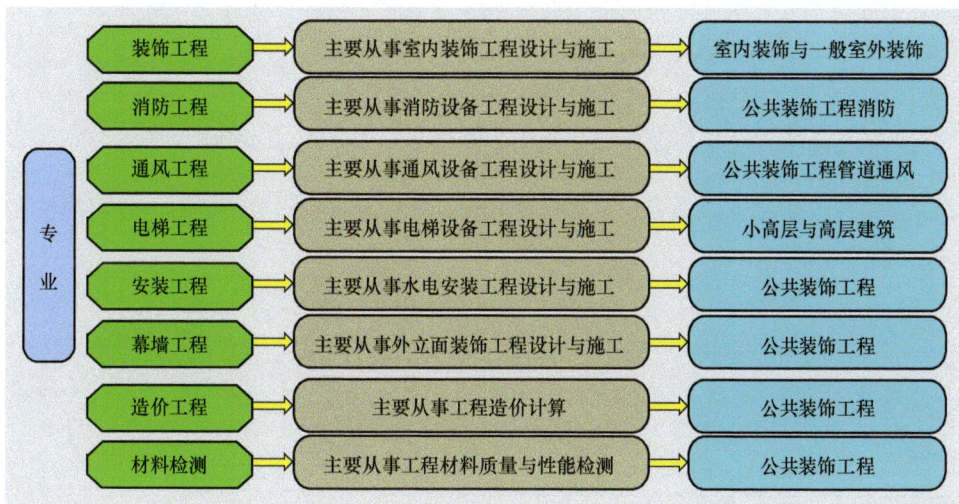

图2-9 环境艺术设计类专业及相关专业工作内容

六、环境艺术设计专业对应就业岗位

环境艺术设计类专业就业岗位有很多，具体如图2-10所示。

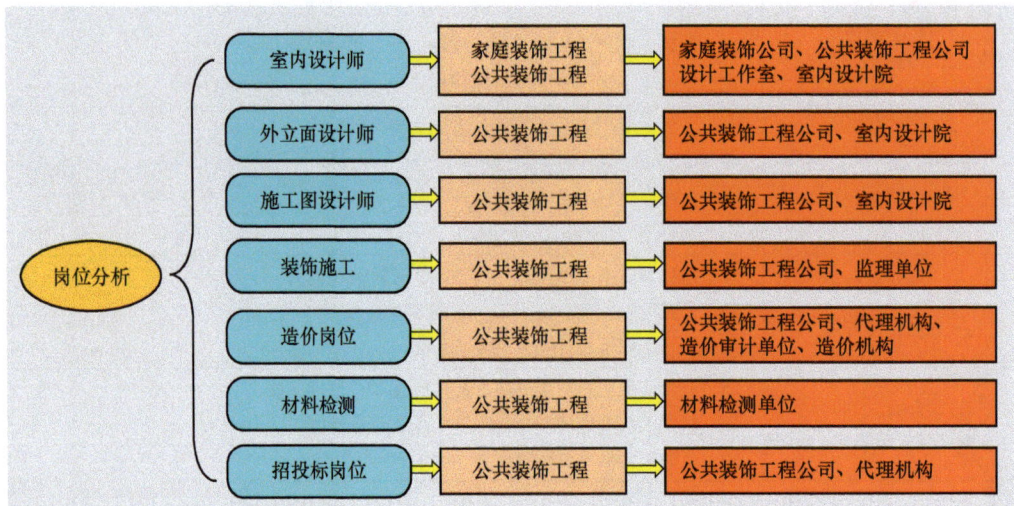

图2-10 环境艺术设计类专业就业岗位分析

思考与讨论

1. 环境艺术设计专业与其他相关专业之间有什么样的联系？
2. 环境艺术设计类专业需要具备什么样的能力？
3. 环境艺术设计类专业的人才培养目标是什么？
4. 环境艺术设计类专业分别有哪些典型工作任务？

专题三　环境艺术设计类专业教学安排

在了解了行业前景以及专业学习以后，在正式接触专业前还必须了解学校的专业教学模式以及自己所学专业的教学计划，以便有目的地进行专业学习。本篇将详细讲解环境艺术设计类专业的教学安排。

学习目标

1. 了解环境艺术设计类专业教学计划内容。
2. 熟悉环境艺术设计类专业教学计划中典型工作任务。
3. 熟悉环境艺术设计类专业教学计划中规定的全部职业资格证书。
4. 掌握专业学习过程中学校所配备专业教学条件（即专业学习条件）。

学习任务

1. 描述所学专业教学计划中所明确的典型工作任务。
2. 描述环境艺术设计类专业教学计划中各课程所对应的工作内容。
3. 描述环境艺术设计类专业对应职业资格证书的用途。
4. 描述环境艺术设计类专业教学计划所面向的单位性质以及就业情况。

一、专业人才培养方案与人才培养模式

（一）专业人才培养方案

见学校网站：http://www.nttec.edu.cn。

（二）专业人才培养模式

江苏工程职业技术学院施行以工作室为主体的"一线三平台"工学结合人才培养模式：即以岗位职业能力为主线，依托一级平台——校内实训室，二级平台——企业驻校工作室、研发中心、教师工作室等校内生产性实训基地，三级平台——校外实训基地，将人才培养与企业的产品设计研发紧密结合，将教学过程与工作过程融于一体，强化对学生职业能力的培养，培养高端技能型人才。见图3-1：

图3-1　岗位职业能力培养平台

二、专业教学计划与学分安排

本专业课程体系按素质教育和能力训练构建"公共基础课程+职业技术课程"的课程体系。

（1）公共基础课程体系设计。根据我院素质教育的总体目标与本专业的专业特点，本专业公共基础课程含必修课和选修课两类课程。必修课主要指基本涵盖学生适应未来第一工作岗位所需的基本知识和技能，由学院统一安排，包括入学教育与学业规划、国防教育、毕业教育与入职准备等16门全院公共基础课。

（2）职业技术课程体系设计。通过专业调研及召开实践专家访谈会，分析提炼出了本专业各方向的典型工作任务，并构建与核心职业技术相应的学习领域（核心课程）。

根据各专业方向的培养目标及其对应的素质与能力要求，提取各专业方向相同或相近的典型工作任务和职业能力，形成专业平台课程。同时，为满足各专业方向培养目标的要求，还根据各专业方向特有的典型工作任务和职业能力，形成了专业方向课程。构建了"平台+方向"的专业课程体系。

（3）专业选修课。根据专业建设需要设置的本专业学生必须选择的课程，其学分和公共选修课统一纳入选修课学分中。

（一）专业教学计划

以2012级环境艺术设计专业为例，我们来分析一下专业教学计划。

通过2012级环境艺术设计专业教学计划可以看出，课程主要分为两大部分，见图3-2：

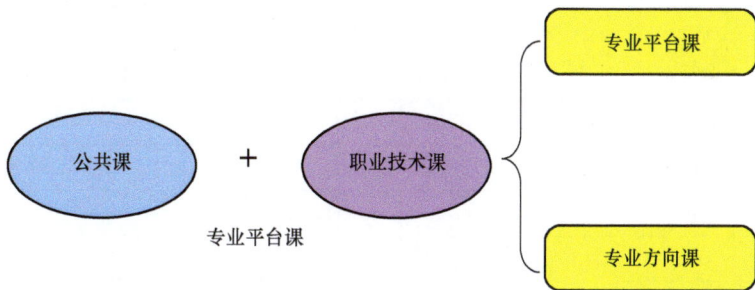

图3-2 按课程属性分类

其中，专业平台课是环境艺术设计大类专业共同学习的课程，所以称为专业平台课，而专业方向课是本专业所学的课程。例如，环境艺术设计大类专业中的建筑环境设计和室内设计是两个不同方向的专业，专业平台课是两个专业的学生都要学习的课程，而专业方向课则是相互不同的课程。通常情况下，专业平台课的开始时间比专业方向课的开始时间要早。

深入分析各专业方向的职业技术课程（专业课），结合课程的属性，还可以进行如下分类，如图3-3所示：

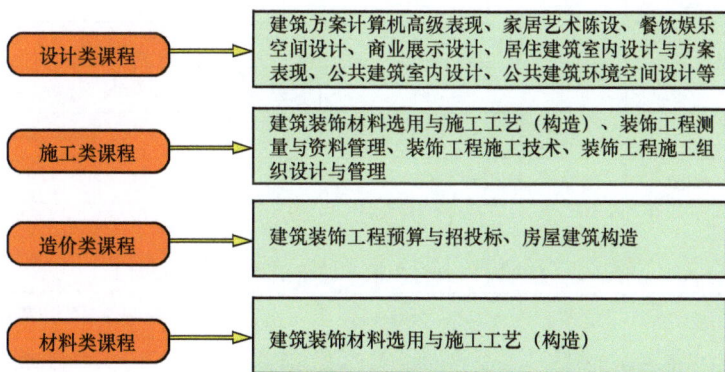

图3-3 按课程体系分类

除了公共基础课和职业技术课以外，还有选修课程（包括公共选修课和专业选修课）。也就是说，学生在学习并完成教学计划规定的课程以外，还必须自主选择部分课程进行学习。公共选修课是指全校性的课程，全校学生都可以进行选择，而专业选修课是指本专业学生才能选择学习的课程，如建筑装饰工程招投标管理等。

（二）专业教学学分安排（包括必修和选修）

学生在学校学习，除了完成教学计划规定的课程以外，还必须学习一部分选修课。所有课程都是以学分来衡量的，学生只有拿到所有的学分才能毕业，其中，必修课的具体学时和学分情况见表3-1～表3-4（以2014级为例）：

表3-1　学时／学分分配表（建筑环境设计方向）

学年	学期	学时数（必修）	学分数（必修）	各教学环节时间数（周）	集中性安排的实践课	
					周数	其中生产性实践周数
一	1	480	8.5	20	3	
	2	406	31.5	19	0.5	
二	3	404	30	21		
	4	384	24.5	19		
三	5	304	15	21	7	5
	6	304	13.5	14	12.5	10
合计		2282	123	114	23	15

表3-2　学时／学分分配表（室内设计方向）

学年	学期	学时数（必修）	学分数（必修）	各教学环节时间数（周）	集中性安排的实践课	
					周数	其中生产性实践周数
一	1	480	8.5	20	3	
	2	406	31.5	19	0.5	
二	3	404	30	21		
	4	392	28	19		
三	5	296	11.5	21	7	5
	6	304	13.5	14	12.5	10
合计		2282	123	114	23	15

表3-3　学时／学分分配表（建筑效果图设计方向）

学年	学期	学时数（必修）	学分数（必修）	各教学环节时间数（周）	集中性安排的实践课	
					周数	其中生产性实践周数
一	1	480	8.5	20	3	
	2	406	31.5	19	0.5	
二	3	404	30	21		
	4	384	24.5	19		
三	5	304	15	21	7	5
	6	304	13.5	14	12.5	10
合计		2282	123	114	23	15

表3-4 学时/学分分配表（装饰工程管理方向）

学年	学期	学时数（必修）	学分数（必修）	各教学环节时间数（周）	集中性安排的实践课	
					周数	其中生产性实践周数
一	1	453	13	20	3	
	2	387	28.5	19	0.5	
二	3	347	19	21		
	4	347	25	19	2	
三	5	268	11.5	21	7	5
	6	264	11	14	11	10
合计		2066	108	114	23.5	15

选修课的学分根据教学计划确定，对每个年级的学生都有相应的要求，学生必须在规定的时间内完成选修课的学分。

三、职业技术课课程体系设置（以2014级为例）

为培养学生过硬的专业能力，满足学生个人专业兴趣发展需要和实现专业不同方向人才分流培养，按照"基于工作过程"的专业课程开发理念，通过专业调研及召开实践专家访谈会，分析提炼出了本专业不同方向共性要求的典型工作任务及各专业方向的典型工作任务，遵循学生认知与职业成长规律，构建"公共平台+多个专业方向"之间彼此联系、相互渗透、共享开放的专业课程体系。

根据前面对课程的描述，职业技术课分专业平台课和专业方向课，专业平台课的设置是按照大类专业共性的典型工作任务（各专业工作过程中共同必须完成的某项工作任务）来设置的，其学习领域（课程）见表3-5；专业方向课的设置是按照本专业具体的典型工作任务（本专业工作过程中必须完成的任务）来设置的，其学习领域（课程）见表3-6。

表3-5 专业共性典型工作任务与学习领域（课程）一览表

序号	典型工作任务	核心课程名称/学习领域	支撑核心课程的实训项目
1	室内设计方案草图表达	空间造型表现	结合建筑室内设计构思进行手绘方案图快速表现
2	建筑装饰设计方案图纸绘制	建筑装饰设计计算机制图	建筑装饰设计方案图纸计算机绘制（AutoCAD）
3	建筑空间摄影	商业摄影	建筑室内外空间摄影
4	空间组合设计表现	形态构成	运用空间构成方法进行建筑环境空间设计并运用建筑草图软件SketchUp进行构成方案表现

序号	典型工作任务	核心课程名称/学习领域	支撑核心课程的实训项目
5	家居空间室内设计与方案表现	居住建筑室内设计与方案表现	居住建筑室内空间装饰设计和室内设计方案图表现、3DMAX软件操作
6	图像后期处理	计算机图形处理	图形PhotoShop软件应用实训

表3-6 分专业方向典型工作任务与学习领域（课程）一览表

序号	典型工作任务	核心课程名称/学习领域	支撑核心课程的实训项目
专业方向一：建筑环境设计方向			
1	公共类建筑室内外环境方案设计	公共建筑环境空间设计	单体别墅建筑、商业类建筑、办公类建筑、娱乐休闲类建筑室内空间设计及庭院规划设计
2	中小型景观规划	城市景观设计	城市住宅小区景观、城市开放区域规划设计、植栽方案设计、景观小品、配套设施选型及设计
专业方向二：室内设计方向			
1	家纺展示空间设计	商业展示设计	家纺展示空间方案设计、陈设方案设计，样本方案设计制作
2	餐饮娱乐空间设计	餐饮娱乐空间设计	餐饮娱乐空间室内方案设计、陈设方案设计，样本方案设计制作
3	陈设设计方案实施	空间陈设设计实务	家纺展示空间陈设方案实施
4	家居艺术陈设设计与实施	家居艺术陈设	家居艺术陈设设计与实施
5	公共建筑空间电脑效果图绘制，建筑装饰设计方案样本的设计制作	建筑效果图计算机高级表现	3DMAX高级应用、公共建筑室内设计效果图绘制，Photoshop、CorelDRAW软件应用、建筑装饰设计方案样本的版式设计与制作
专业方向三：建筑效果图设计方向			
1	公共建筑室内装饰设计与方案图表现	公共建筑室内设计与方案表现	3DMAX高级应用、公共建筑室内设计和设计方案图表现、方案样本设计制作
2	建筑外观装饰与设计方案图表现	建筑外装饰设计与方案表现	3DMAX高级应用、建筑外装饰设计和设计方案图表现、建筑附属环境景观设计与设计方案图表现、展示性方案版面的设计制作
专业方向四：装饰工程管理方向			
1	装饰工程施工技术管理	装饰工程施工技术	装饰工程施工现场实践
2	装饰工程造价与投标管理	建筑装饰工程预算与招投标	装饰工程造价计算与管理软件应用
3	公共建筑室内装饰施工图深化设计	装饰材料与构造设计	装饰工程施工现场以及材料市场实践并进行施工图节点详图设计
4	装饰工程施工组织与管理	装饰工程施工组织设计与管理	装饰工程施工组织设计编制与现场管理实践

　　以上是环境艺术设计类专业的职业技术课课程设置情况，学生在进入专业学习以前，务

必需要准确理解并掌握以上的课程体系设置情况，为以后的专业学习做好准备工作。

四、环境艺术设计类专业教学资源简介

（一）师资配备

环境艺术设计教研室配备了教学经验丰富的教师队伍，他们学术及设计创作能力强，教学及实践经验丰富，注重教学与实践相结合，本教研室教师均具备"双师"素质。近年来，由我教研室教师参与和指导的环境艺术设计作品获得了很多的奖项，教师们严谨的治学态度和学院优良的办学条件，使环境艺术设计类专业的毕业生在实习和就业中表现出良好的职业素质，深受用人单位欢迎，毕业生就业率连续多年达到100%；很多学生到单位工作以后，在短时间内成为了单位的骨干。

环境艺术设计专业教师基本情况如下：

（1）章炎。1997年毕业于南京艺术学院设计学院，擅长环境空间设计施工图设计。

（2）蔡云。2002年毕业于杭州设计学院，擅长环境空间设计陈设艺术设计。

（3）于新建。1997年毕业于浙江丝绸设计学院，擅长环境空间设计艺术表现。

（4）张灿。2003年毕业于南京艺术学院，擅长环境空间设计计算机表现。

（5）徐洪平。1991年毕业于苏州科技学院，擅长工程管理工程材料应用。

（6）钱万成。2006年毕业于南京艺术学院设计学院，擅长环境空间设计。

（7）王刚。2006年毕业于南开大学文学院，擅长环境空间设计。

（8）陈峰。2003年毕业于东北师大美术学院，擅长环境空间设计效果图表现。

（9）王文玲。2009年毕业于徐州矿业大学，擅长环境空间设计。

（二）科研方向

科研主要为三个方面：

①参加或带领学生参加各级各类设计竞赛，为学生就业提供一定的业绩帮助。

②参加企业和学校之间的横向课题项目，面向社会，为企业提供科技服务，提升学校的知名度。

③参加政府立项的纵向科研项目，提升学校的社会知名度。

1. 参加或带领学生参加各级各类设计竞赛（包括优秀毕业设计竞赛）

主要为带领学生参加各级各类设计竞赛，以提高学生的专业素养，并在毕业时进一步得到用人单位的青睐。以下为2008级毕业生毕业设计作品（图3-4），获得江苏省优秀毕业设计奖。

2. 参加企业和学校之间的横向课题项目

面向社会，为企业提供科技服务，提升学校的知名度，同时提供了真实的实践教学课

图3-4 2008级学生优秀毕业设计作品

题。横向课题项目的来源有很多，具体见图3-5。

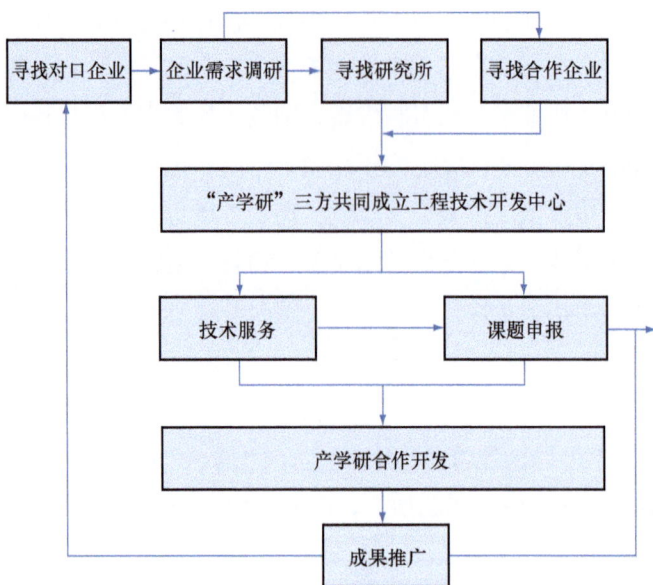

图3-5 横向课题来源示意图

教师工作之余参加学校和企业之间的横向课题项目，例如，教师每年都承接为数不少的企业或家庭室内方案设计，在提高自身实践能力的同时，为学校和个人赢得相应的荣誉；更为重要的是，教师承接的项目，都可作为课堂教学内容和课堂教师直接对接，让学生直接参与到真实的工程项目中，从而达到了进一步培养学生的实际动手能力。同时，也达到了工学结合的目标。

3．参加政府或学院立项的纵向科研项目

教师在参加横向项目的同时，也可参加纵向科研项目的研究，为进一步提高自身的教师水平提供了有力的支持，也提升了学校的社会知名度。

（三）校内专用实训室

学校内部为各专业配备了供学生专用的实训室，为提高学生的实际动手能力提供条件，学生应充分利用实训基地的资源，提高自己的专业素质。图3-6为学生在校内实训室进行训练。

图3-6　校内专业实训室

除了校内实训室外，还有专供各专业学生上课及学习训练使用的计算机房，艺术设计学院各专业都有多个如图3-7所示的计算机房。

图3-7　专用机房

（四）校外实训基地

学校与行业企业建立了相互协作的协议，在企业内部设立学生实训基地，供学生在企业参观、实践，使学生所学的专业知识与实际工作相接轨，为以后的工作奠下扎实的基础。目前，环境艺术设计类专业建立的校外实训基地主要有：南通四建装饰工程有限公司（图3-8）、南通东保建筑装饰实业有限公司（图3-9）、南通东易日盛装饰工程有限公司、南通民用建筑设计院有限公司、南通大行建筑装饰工程有限公司（图3-10）。

图3-8　南通四建装饰工程有限公司实训基地

图3-9　南通东保建筑装饰实业有限公司实训基地

图3-10　南通大行建筑装饰工程有限公司实训基地

学校在校外实训基地建设方面投入了大量的人力、物力和材料，具有较稳定且能满足学生实训要求的校外实习实训基地十余家，按照互惠互利、专业对口、相对稳定的原则与企业建立紧密的合作关系。通过校企合作，建设一批长期相对稳定的实训基地，可以满足现场教学、保证了学生有足够的机会参加合作企业的项目实践，为学生的顶岗实习和就业提供了更多有利的帮助。

与企业签订实习基地协议书，制订校外顶岗实习考核管理办法，明确顶岗实习的计划和指导书，除聘请企业技术骨干为专业指导以外，本专业教师也参与顶岗实习管理，完成开题、中期检查、巡回指导等相关工作。

各实训基地除了承担部分学生的顶岗实习以外，还为学生市场调研、专业考察课程、教师到企业挂职等都提供了有利的条件。同时，部分校企合作单位还联合学校共同组织环境艺术设计大赛、合作科技研发项目等，投入资金、投入技术，发现人才，培育人才，为教师和学生们提供了专业实践的机会，为工学结合人才培养模式的实施构建了一个交流与合作的平台，校企各自利用自身优势初步形成了资源共享、互惠互利的发展格局。

（五）教师工作室

除了上述资源以外，还有教师工作室，学生可以申请入驻教师工作室进行学习，接受教师面对面的指导，学生和教师在课余时间可以有更多的接触时间，为学生的专业学习提供了极大的帮助；教师承接的工程项目，学生可以直接参与其中，在教师的指导下自己动手设计，进一步提高自己的专业实践能力。图3-11为学生在教师工作室讨论工程项目的设计方案。

图3-11　教师工作室学习场景

（六）校内配套资源

学校图书馆（图3-12）配备了各种课外书籍供学生借阅。学校现有南北两个馆舍，总面积为10016m²，北馆舍建筑面积4016m²，南馆舍建筑面积6000m²。图书馆内藏有印刷图书46万册，现刊700多种，报纸100多种，电子资源有清华同方学术期刊数据库、硕博论文、读秀、超星数字图书馆、软件通、超星名师讲坛和万方的部分标准，以及其他各类免费资源；学生可以利用课余时间去图书馆查询相关的资料。为了方便学生查阅资料，部分课程也会在图书馆进行授课。

(a)

(b)

图3-12　学校图书馆

（七）企业驻校工作室

为了给学生提供更多的实践训练机会，学校吸引企业进驻学校，在学校内设立工作室，为学生的实践提供了有利的支持。环境艺术设计教研室现有的企业驻校工作室有：南通民用建筑设计院有限公司室内设计所、南通华俊室内设计工作室、南通橙意室内设计工作室。

企业承接室内设计项目，一般都在驻校工作室内进行设计；学生在进入专业学习以后，可以申请进入企业驻校工作进行实习，提高自身的室内设计水平。同时，有部分的专业课程也直接在驻校工作室内进行上课，学生直接面对项目所要完成的任务来进行学习，教学目标显得更直接。也为学生以后的工作打下了坚实的基础。

思考与讨论

1. 学校的人才培养模式是什么？
2. 环境艺术设计类专业分别有哪些主要的专业课程？
3. 学校有哪些资源条件提供给学生进行专业学习？这些资源分别有什么样的特点？
4. 学校给本专业配备了多少专业教师？这些教师分别有什么样的专业优势？

专题四　专业见习

为了减少从学校到企业的过渡时间，在专业学习的过程中，会根据需要设置一定的实践课程，这些课程就在企业里进行，实际上就是学生在工作的同时进行学习，真正做到工学结合。

除此以外，在学习完所有的职业技术课程以后，还有约半年时间的顶岗实习实践，学生完全在企业进行实习，把所学的专业知识在具体工作中进行应用，一方面检验学生对专业知识的掌握程度，另外一方面，也是对学校的专业培养能力与师资水平的检验。

学 习 目 标

1. 了解实现环境艺术设计类专业学习目标的途径。
2. 掌握环境艺术设计类专业教学计划中目标岗位的工作环境。
3. 掌握环境艺术设计类专业教学计划中目标岗位所需要的技能。

学 习 任 务

1. 描述实现环境艺术设计类专业教学计划目标岗位的途径。
2. 描述环境艺术设计类专业教学计划中目标岗位的工作环境。
3. 描述环境艺术设计类专业教学计划中目标岗位所需要的技能。

校内实训室参观与考察

（一）校内实训室参观

学生的专业见习首先从实训室开始，因为，校内实训室是学生在专业学习过程中首先接触到的实践场所，带领学生参观校内实训室，让他们了解本专业学生工作的类似环境，和同专业不同年级学生进行交流，感受日后的工作场景。

（二）校内实训室体验考察

学生深入校内实训室，在其中体验专业学习的乐趣，学生可以观察老师如何进行方案设计，也可以和高年级学生进行交流，了解专业学习的情况，更可以自己亲自动手体验环境艺术设计类专业的真实学习环境与工作环境，想象自己以后的工作环境以及工作情形，提高专业学习的兴趣。

（三）教师工作室参观考察

教师工作室是教师办公、学习与进行实践方案编制的一个场所，也可带领一部分学生进行实践方案设计，让学生在课余时间有机会参与实际工程项目的设计，体会真实的工作流程，在老师一对一指导下进行真实的工作，这能为以后的工作积累更多的实践经验。

带领学生参观教师工作室，可以激发学生更大的学习兴趣，因为，只有相对优秀的学生才能被选拔到教师工作室进行进一步的学习，可以学习到更为广泛的专业理论知识和更为广泛的实践经验。

（四）企业驻校工作室参观考察

企业驻校工作室，是企业和学校签订合作协议后，为满足学校的实践教学而派驻学校的专门机构，主要目的是为了满足实践教学的需要。通过双向选择，学生可以申请进入企业驻校工作室进行专业学习，在学习的同时，也参加企业实际项目的设计工作，是真正的工学结合模式。

目前，企业驻校工作室能满足学生专业实践的有：南通民用设计院有限公司室内设计所；南通华俊室内设计工作室、南通橙意室内设计工作室等。

通过参观企业驻校工作室，让学生体验企业真实的工作场景，以及企业工作人员工作的情形，可以了解到真实工作所需要的专业技能，从而激发专业学习的兴趣。

（五）校外实训基地参观考察

校外实训基地，是指学校在校外建立的具有较稳定的能满足学生实训要求的企业，可以满足现场教学、保证学生有足够的机会参加合作企业的项目实践，为学生的顶岗实习和就业提供更多的帮助，也为实践教学提供了极大的帮助。

校外实训基地主要有：南通四建装饰工程有限公司、南通东保装饰实业有限公司、南通东易日盛装饰工程有限公司、南通民用建筑设计院有限公司和南通大行建筑装饰工程有限公司。

带领学生参观真实的企业环境，更能激发学生工作的激情，也就更能激发学生专业学习的兴趣。

（六）装饰装修行业就业成功人士经验

南通作为全国知名的建筑之乡，有着不少成功的建筑专业人士和装饰装修专业人士，邀请部分专家到学校做专题讲座，给学生讲述他们自己的发展之路，讲述装饰装修行业的发展前景，讲述装饰装修行业的就业情况；同时，为学生在校学习规划、大学毕业就业规划、职业生涯规划等方面内容进行咨询。

（七）优秀毕业生专题交流

邀请已经毕业的优秀毕业生回学校和学生进行交流，相比其他方式这具有更大的优势。学生都有一个弊病：同样的话题，高年级的学长讲了以后感觉比较现实和真实，而老师讲了以后好像比较抽象和不可信。

前面说了，有很多本专业的毕业生在企业里面得到了重用，这些学生回校后，会把他们当年的专业学习情形以及现在的专业工作经历进行一个总结，也就是这些总结，能给我们的新生注入非常大的专业学习的正能量。

思考与讨论

1. 通过现场实践，分别说说各实训场所的资源优势和发展优势？
2. 优秀毕业生给我们提供了什么样的启发？

专题五　职业生涯规划与学业规划

在进入专业学习以前，首先必须对自己的专业学习和职业生涯进行规划。任何事情，没有规划就没有好的结果，就像一个城市一样，如果没有规划，或者规划不好，就需要拆除、重建，耗费掉大量的人力、物力和财力，而且还影响到城市的整体面貌。专业学习的道理一样，如果你在专业学习以前没有很好地进行规划，那么在专业学习的过程中你会不知所措，不知道自己需要学习哪方面的知识，哪些方面的知识是自己所应该掌握的重点知识。当然，专业学习的规划应该是建立在职业生涯规划基础上的。

学习目标

1. 了解职业生涯规划的方法。
2. 熟悉掌握如何进行学业生涯规划。
3. 了解职业生涯规划和学业规划之间的联系。
4. 具备从学生过渡到员工所必须具备的能力。

学习任务

1. 根据自己的兴趣、爱好及家庭背景等情况进行职业生涯规划。
2. 根据职业目标进行职业生涯规划。
3. 描述职业生涯规划和学业规划之间的联系。
4. 描述求学期间准备获取哪些专业知识及能力。

一、专业学习原理与学习方法

（一）环境艺术设计类专业学习的原则

（1）整体性设计原则。虽然，室内空间的各个部分都是独立的，但是在设计时，不能孤立地进行单独设计，各个空间之间从整体上必须是一致的，以保证整体室内空间协调美观。

（2）功能性设计原则。从前面装饰装修的基本概念可以知道，功能应该是建筑物的重点，但是，空间的使用功能，如布局、界面装饰、陈设和环境气氛与功能必须统一。

（3）审美性设计原则。按照不同人的喜好可以设计出不同风格的室内设计方案，但都必须通过形、色、质、声、光等形式语言来体现室内空间的美感。

（4）技术性设计原则。一是比例尺度关系：设计方案时，必须充分考虑到各种比例与尺度关系，否则，将使方案变得不可行；举例来说，厨房灶台的高度一般为780~820mm，但是，这个尺度不是固定的，必须根据选择的煤气灶的款式等因素来进行选择。

二是材料应用和施工配合的关系：在设计选择装饰材料时，必须考虑到施工的可行性与合理性。同样的一个造型，可以采用不同的装饰材料来实现，但是，采用不同装饰材料实现的统一造型不一定都是适用的。举例来说，一般情况下，室内装饰中铝塑板都是采用胶水粘贴在木工板表面，而如果在进行门头设计时，也采用这种方法就错了，因为木工板在室外会非常容易腐烂，导致门头倒塌造成安全事故。

（5）经济性设计原则。以最小的消耗达到所需目的。在进行室内设计时，有许多业主常常要求进行限额设计，即除了要求一定装饰效果以外，还要求工程造价不得超过一定的限额。这时候，需要在材料的选择及造型方面进行考虑，以降低工程造价。

以上的原理浅显易懂，但是，要想把上述所有原理应用到一套完整的设计方案中去，是有一定难度的。学生需要通过理论学习、专业实践并且反复训练才有可能做到。

（二）专业学习方法

主要包括基本理论学习、设计实践学习与实习训练。

1. 基本理论

通过职业技术课程的学习，熟悉并掌握包括建筑空间结构、装饰材料及工艺、人体工程学、消防、安装工程一般知识及相应的设计和施工类规范手绘基本知识，并且必须掌握各种基本设计软件。

（1）人体工程学。主要描述人体各部尺寸及人体活动所需的空间范围，使学生能够科学地进行室内空间设计，合理地确定空间及家具尺寸。

（2）手绘。介绍建筑和装饰绘图的基本原理，并详细讲解透视图、施工图、效果图的画法，使学生能够将自己的设计构思准确、精细地绘制出来，并能完成室内设计方案速写。

（3）装饰材料学与施工工艺。介绍装饰材料的基本知识，并详细讲述各种装饰材料的性能、特点及目前装饰材料的发展状况及施工的工艺流程，使学生能将自己的设计图纸转化成具有施工价值的装饰工程。

（4）AutoCAD。通过介绍AutoCAD软件在室内设计领域内的基本用途、基本操作方式，并通过多种有代表性的室内设计案例的绘制，使学生按照行业规范利用计算机及应用软件来绘制室内设计平面图、立面图、轴测图、节点图、大样图等全套施工图。

（5）3DMAX。介绍3DMAX软件在制作建筑装饰效果图中的操作知识、操作技巧，及在室内设计领域中的应用，并详细讲述有代表性的室内设计部件绘制及局部和整体效果图的绘制，使学生能通过该软件将自己的设计方案绘制成逼真的建筑装饰效果图。

（6）PhotoShop。主要介绍该软件在绘制室内设计效果图后期处理及操作方法，包括灯光、色彩、照明等方面。

（7）空间设计（装饰设计）。讲述空间设计的基本理论，并通过介绍古今中外颇有代表性能体现各种设计风格的实例培养学生空间思维概念，培养学生借鉴中外各种设计实例形成自己的设计风格。

2. 设计实践

通过现场调查、案例学习以及专题设计方案训练。在掌握室内设计基本理论，并且对以后的职业生涯有了一个具体的规划以后，就要开始实践学习了。

首先在老师的指导下从最简单的空间规划开始，逐步向整体空间发展，从家装向工装发展，在实践过程中，经常到施工现场去进行学习，对施工、材料、摆设等实际技术的深入了解，都是成为一个设计师必不可少的条件之一。对于刚入学的新生来说，这种体验式的学习可以使学生对将要从事的行业有一个大致的了解，也可以让学生切身体会到学习与实际的差距。到工地现场学习更可以加深学生的印象，提高学生的动手能力，使之前学到的室内设计的理论知识在实践中得到验证、运用。

3. 实习训练

在经过三年的系统学习之后，最后就是实习阶段了。到装饰名企实习能够更好的检验自己的学习成果，使学到的东西更快地应用到实践中去。装饰名企经过多年的沉淀，必定有自己独特的文化内涵，使学生在实习的这几个月中尽可能的得到最大的锻炼，使学到的东西能够学以致用（图5-1、图5-2）。

(a)

(b)

(c)

(d)

图5-1 室内设计案例

(a)

(b)

图5-2 优秀毕业设计作品

二、职业生涯规划（与职业岗位联系）与学业规划

职业生涯的规划是建立在学生对专业、行业以及岗位的具体理解基础上进行的，只有理解了这三个方面的内容，才能真正进行职业生涯规划，并对专业学业进行规划。总之，职业生涯规划（与职业岗位联系）与学业规划两者是相辅相成的。

简单地说，职业生涯规划就是解决职业生涯设计中"做什么""在何处做""怎样做""以什么样的态度做"这四个最基本的问题。有关专家高度概括为"四定"：即定向、定点、定位、定心。

职业生涯规划是指个人和组织相结合，在对一个人职业生涯的主客观条件进行测定、分析、总结研究的基础上，对自己的兴趣、爱好、能力、特长、经历及不足等各个方面进行综合分析与权衡，结合时代特点，根据自己的职业倾向，确定其最佳的职业奋斗目标，并为实现这一目标做出行之有效的安排。职业生涯规划也称作职业生涯设计。

我国人事科学研究者罗双平用一个精辟的公式总结出了职业生涯规划的三大要素，即：职业生涯规划=知己+知彼+抉择。罗双平展示了知己、知彼、抉择三大要素间的关系与具体内容见图5-3：

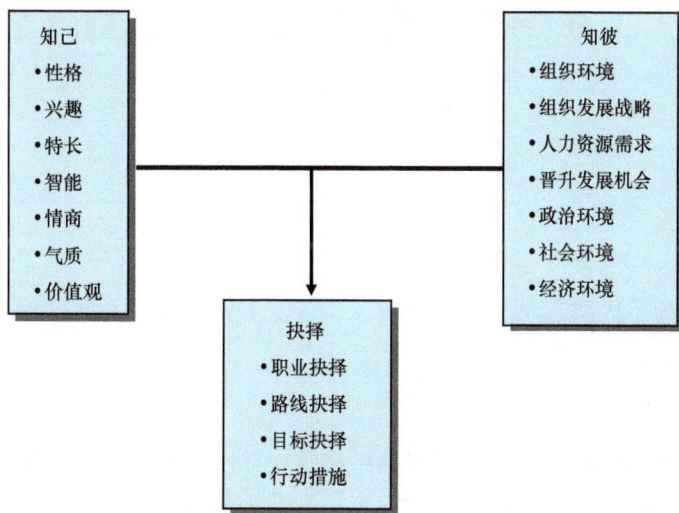

图5-3　职业生涯规划三要素关系

（一）职业生涯规划与学业规划的涵义

1. 职业生涯规划概念

职业生涯规划是指通过对行业中不同就业单位的特点、不同岗位的性质的分析，结合自身兴趣、特点、爱好、性格、家庭背景（主观和客观因素），两者相互结合，将自己正确定

位在一个最能发挥自己长处的岗位，并确定个人在这过程中的阶段性目标。

2. **职业生涯规划方法**

职业生涯规划步骤见图5-4。

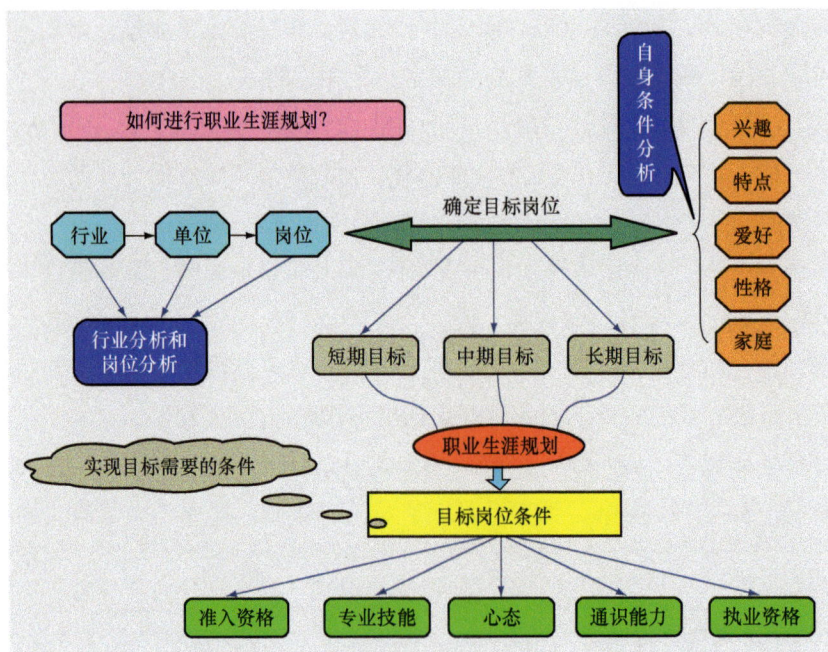

图5-4　职业生涯规划方法

3. **学业规划的涵义**

学业规划是指为了提高求学者的人生职业（事业）发展效率，针对与之相关的学业所进行的筹划和安排。

4. **学业规划方法**

求学者通过对未来社会需要（目标岗位以及阶段性岗位目标，即目标条件）和自身特点的正确认识、深入分析，然后结合求学者的实际情况（具备条件）制订学习发展计划，制订两者差值的弥补办法。学业规划的方法很多，具体来说，主要为图5-5的方法：

大学生需根据自身的各种条件，首先进行学业规划分析（图5-6），然后进行学业规划（图5-7）。

5. **职业生涯规划和学业规划关系**

职业生涯规划和学业规划之间有着非常紧密的关系（图5-8），首先应该进行职业生涯规划，然后才能进行学业规划。

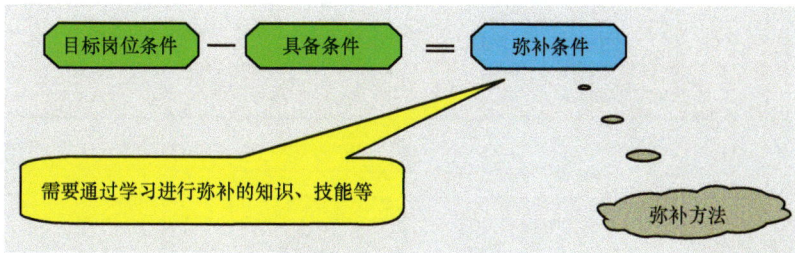

图5-5 学业规划方法

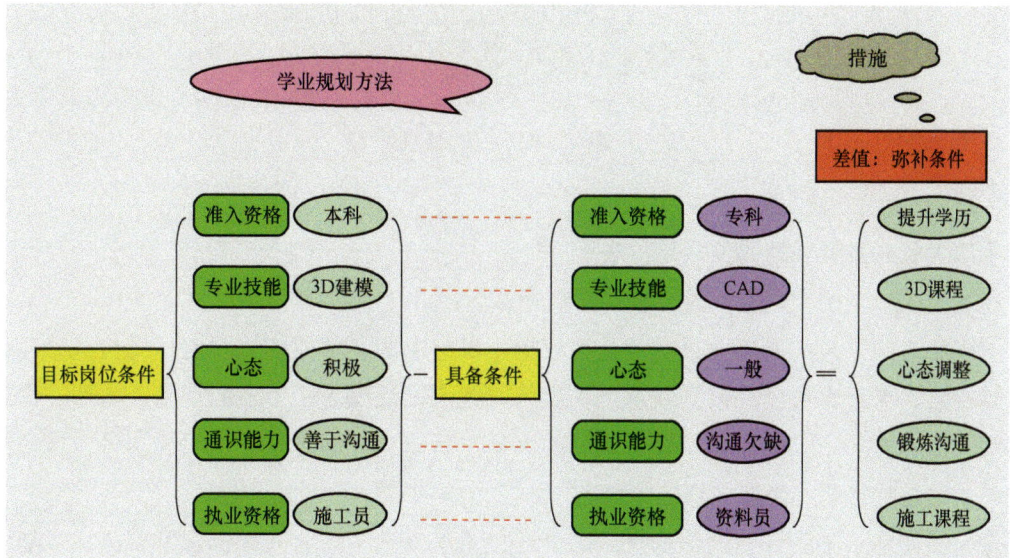

图5-6 学业规划分析

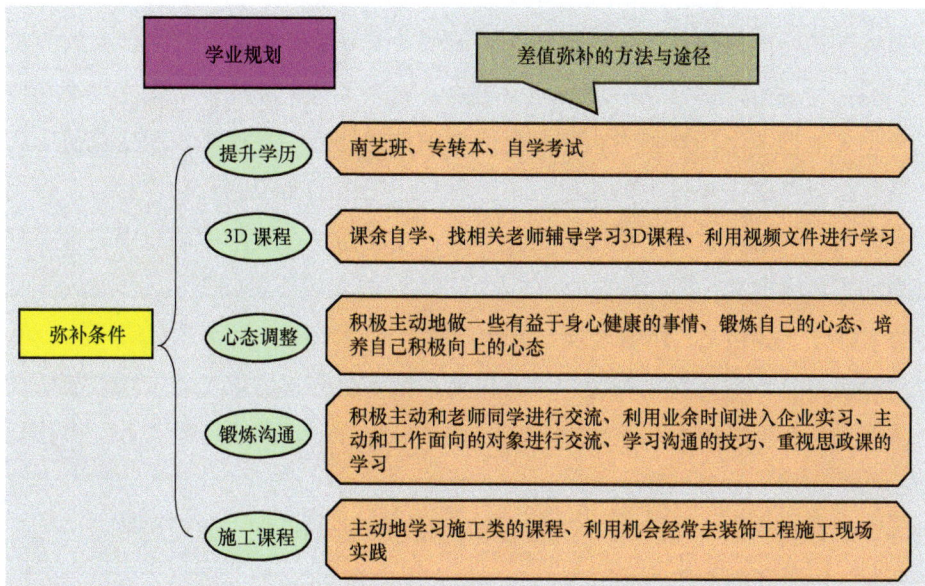

图5-7 学业规划

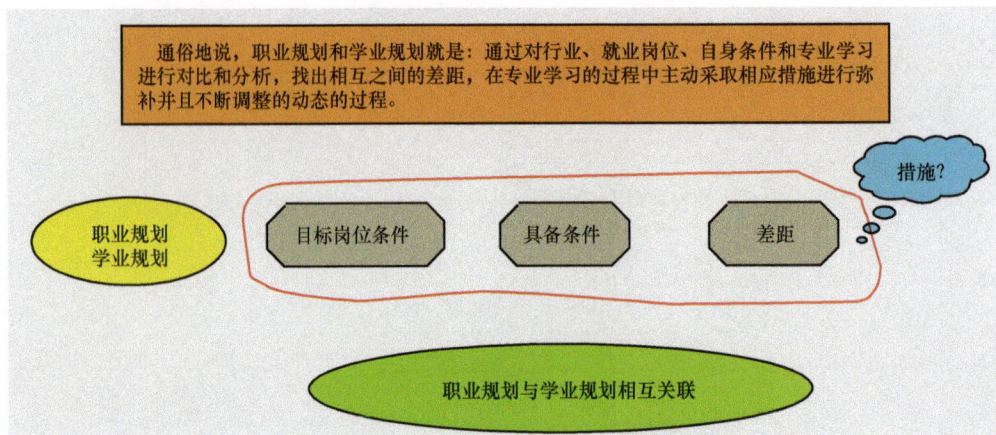

图5-8 职业生涯规划与学业规划关系

（二）职业生涯规划的步骤与方法

职业生涯规划的方法有很多，通常的步骤如下：

①确定志向。志向是事业成功的基本前提，没有志向，事业的成功也就无从谈起。俗话说：志不立，天下无可成之事。立志是人生的起跑点，反映着一个人的理想、胸怀、情趣和价值观，影响着一个人的奋斗目标及成就的大小。所以，在制订职业生涯规划时，首先要确立志向，这是制订职业生涯规划的关键。

②自我评估。自我评估的目的是认识自己、了解自己。因为只有认识了自己，才能对自己的职业作出正确的选择，才能选定适合自己发展的职业生涯路线。自我评估包括自己的兴趣、特长、性格、学识、技能、智商、情商、思维方式、思维方法、道德水准等。

③职业生涯机会的评估。职业生涯机会的评估，主要是评估各种环境因素对自己职业生涯发展的影响，每一个人都处在一定的环境之中，离开了这个环境，便无法生存与成长。所以，在制订个人的职业生涯规划时，要分析环境条件的特点、环境的发展变化情况、自己与环境的关系、自己在这个环境中的地位、环境对自己提出的要求以及环境对自己有利的条件与不利的条件等。只有对这些环境因素充分了解，才能做到在复杂的环境中避害趋利，使职业生涯规划具有实际意义。

环境因素评估主要包括：组织环境、政治环境、社会环境、经济环境。

④职业的选择。职业选择正确与否，直接关系到人生事业的成功与失败。据统计，在选错职业的人当中，有80%的人在事业上是失败者。由此可见，职业选择对人生事业发展是何等重要。

如何才能选择正确的职业呢？至少应考虑：性格与职业的匹配、兴趣与职业的匹配、特长与职业的匹配、内外环境与职业相适应。

⑤职业生涯路线的选择。在职业确定后，向哪一路线发展，此时要作出选择。由于发展

路线不同，对职业发展的要求也不相同。因此，在职业生涯规划中，须作出正确抉择，以便使自己的学习、工作以及各种行动措施沿着职业生涯路线或预定的方向前进。

通常职业生涯路线的选择须考虑三个问题：我想往哪一路线发展？我能往哪一路线发展？我不能往哪一路线发展？

对以上三个问题，进行综合分析，以此确定自己的最佳职业生涯路线。

⑥设定职业生涯目标。职业生涯目标的设定，是职业生涯规划的核心。一个人事业的成败，很大程度上取决于有无正确适当的目标。没有目标如同驶入大海的孤舟，四野茫茫，没有方向，不知道自己走向何方。只有树立了目标，才能明确奋斗方向，犹如海洋中的灯塔，引导你避开险礁暗石，走向成功。目标的设定，是在继职业选择、职业生涯路线选择后，对人生目标做出的抉择。其抉择是以自己的最佳才能、最优性格、最大兴趣、最有利的环境等信息为依据。通常目标分短期目标、中期目标、长期目标和人生目标。短期目标一般为1～2年，短期目标又分日目标、周目标、月目标、年目标。中期目标一般为3～5年。长期目标一般为5～10年。

思考与讨论

1. 装饰装修行业中存在哪些与本专业相关的专业岗位？
2. 如何进行职业生涯规划？你在上学期间有什么样的打算？
3. 如何进行学业规划？你在上学期间有什么样的打算？
4. 职业生涯规划和学业规划之间是一种什么样的关系？
5. 你在上学期间准备通过什么样的途径进行专业学习？

参考文献

[1] 中华人民共和国建设部. GB 50210—2001建筑装饰装修工程质量验收规范[S]. 北京：中国标准出版社，2001.

[2] 李书田等. 建筑装饰装修工程施工技术与质量控制[M]. 北京：机械工业出版社，2008.

[3] 赵志群. 职业教育工学结合一体化课程开发指南[M]. 北京：清华大学出版社，2009.

[4] 赵志群，白滨. 职业教育教师教学手册[M]. 北京：北京师范大学出版社，2013.